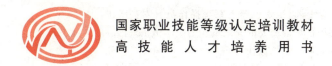

国家职业技能等级认定培训教材

高技能人才培养用书

工业机器人系统操作员

（高级）

主　编　卫家鹏　张鹤鸣　于　海
副主编　王枫清　魏福江　王春晖　崔书华
参　编　王　建　郝鑫虎　边可可　张　琳
　　　　刘日晨　郑冉冉　梁丽萍

机械工业出版社

本书是依据《国家职业技能标准 工业机器人系统操作员》对高级工的知识要求和技能要求，按照岗位培训需要的原则编写的。本书主要内容包括机械系统装调、电气系统装调、系统操作与编程调试。其中，"技能大师高招绝活"模块将理论知识与典型案例有机结合，大大增强了内容的实用性；"技能训练实例"模块选取高级工必备技能作为实例，大大增强了学习的针对性。

本书主要用作企业培训部门、职业技能等级认定机构、再就业和农民工培训机构的教材，也可作为高级技工学校、技师学院和各种短训班的教学用书。

图书在版编目（CIP）数据

工业机器人系统操作员：高级/卫家鹏，张鹤鸣，于海主编. —北京：机械工业出版社，2024.6

高技能人才培养用书　国家职业技能等级认定培训教材

ISBN 978-7-111-75631-6

Ⅰ.①工… Ⅱ.①卫… ②张… ③于… Ⅲ.①工业机器人-职业技能-鉴定-教材　Ⅳ.①TP242.2

中国国家版本馆 CIP 数据核字（2024）第 076076 号

机械工业出版社（北京市百万庄大街22号　邮政编码100037）
策划编辑：王振国　　　　　　责任编辑：王振国　关晓飞
责任校对：高凯月　张　征　　封面设计：马若濛
责任印制：李　昂
河北泓景印刷有限公司印刷
2024年7月第1版第1次印刷
184mm×260mm・11.75 印张・270 千字
标准书号：ISBN 978-7-111-75631-6
定价：45.00元

电话服务　　　　　　　　　　网络服务
客服电话：010-88361066　　　机　工　官　网：www.cmpbook.com
　　　　　010-88379833　　　机　工　官　博：weibo.com/cmp1952
　　　　　010-68326294　　　金　书　网：www.golden-book.com
封底无防伪标均为盗版　　机工教育服务网：www.cmpedu.com

国家职业技能等级认定培训教材

编审委员会

主　　任　李　奇　荣庆华

副主任　姚春生　林　松　苗长建　尹子文
　　　　周培植　贾恒旦　孟祥忍　王　森
　　　　汪　俊　费维东　邵泽东　王琪冰
　　　　李双琦　林　飞　林战国

委　　员　（按姓氏笔画排序）
　　　　于传功　王　新　王兆晶　王宏鑫
　　　　王荣兰　卞良勇　邓海平　卢志林
　　　　朱在勤　刘　涛　纪　玮　李祥睿
　　　　李援瑛　吴　雷　宋传平　张婷婷
　　　　陈玉芝　陈志炎　陈洪华　季　飞
　　　　周　润　周爱东　胡家富　施红星
　　　　祖国海　费伯平　徐　彬　徐丕兵
　　　　唐建华　阎　伟　董　魁　臧联防
　　　　薛党辰　鞠　刚

序  Preface

新中国成立以来,技术工人队伍建设一直得到了党和政府的高度重视。20世纪五六十年代,我们借鉴苏联经验建立了技能人才的"八级工"制,培养了一大批身怀绝技的"大师"与"大工匠"。"八级工"不仅待遇高,而且深受社会尊重,成为那个时代的骄傲,吸引与带动了一批批青年技能人才锲而不舍地钻研技术、攀登高峰。

进入新时期,高技能人才发展上升为兴企强国的国家战略。从2003年全国第一次人才工作会议,明确提出高技能人才是国家人才队伍的重要组成部分,到2010年颁布实施《国家中长期人才发展规划纲要(2010—2020年)》,加快高技能人才队伍建设与发展成为举国的意志与战略之一。

习近平总书记强调,劳动者素质对一个国家、一个民族发展至关重要。技术工人队伍是支撑中国制造、中国创造的重要基础,对推动经济高质量发展具有重要作用。党的十八大以来,党中央、国务院健全技能人才培养、使用、评价、激励制度,大力发展技工教育,大规模开展职业技能培训,加快培养大批高素质劳动者和技术技能人才,使更多社会需要的技能人才、大国工匠不断涌现,推动形成了广大劳动者学习技能、报效国家的浓厚氛围。

2019年国务院办公厅印发了《职业技能提升行动方案(2019—2021年)》,目标任务是2019年至2021年,持续开展职业技能提升行动,提高培训针对性实效性,全面提升劳动者职业技能水平和就业创业能力。三年共开展各类补贴性职业技能培训5000万人次以上,其中2019年培训1500万人次以上;经过努力,到2021年底技能劳动者占就业人员总量的比例达到25%以上,高技能人才占技能劳动者的比例达到30%以上。

目前,我国技术工人(技能劳动者)已超过2亿人,其中高技能人才超过5000万人,在全面建成小康社会、新兴战略产业不断发展的今天,建设高技能人才队伍的任务十分重要。

序

Preface

  机械工业出版社一直致力于技能人才培训用书的出版，先后出版了一系列具有行业影响力，深受企业、读者欢迎的教材。欣闻配合新的《国家职业技能标准》又编写了"国家职业技能等级认定培训教材"。这套教材由全国各地技能培训和考评专家编写，具有权威性和代表性；将理论与技能有机结合，并紧紧围绕《国家职业技能标准》的知识要求和技能要求编写，实用性、针对性强，既有必备的理论知识和技能知识，又有考核鉴定的理论和技能题库及答案；而且这套教材根据需要为部分教材配备了二维码，扫描书中的二维码便可观看相应资源；这套教材还配合天工讲堂开设了在线课程、在线题库，配套齐全，编排科学，便于培训和检测。

  这套教材的出版非常及时，为培养技能型人才做了一件大好事，我相信这套教材一定会为我国培养更多更好的高素质技术技能型人才做出贡献！

中华全国总工会副主席

高凤林

前言

《国务院关于大力推进职业教育改革与发展的决定》中明确指出:"严格实施就业准入制度,加强职业教育与劳动就业的联系"。职业技能等级证书已逐步成为就业的通行证,是通向就业之门的金钥匙。职业技能等级证书的取证人员日益增多,为了更好地服务于就业,推动职业技能认定制度的实施和推广,加快技能人才的培养,我们组织有关专家、学者和高级技师编写了《工业机器人系统操作员(高级)》培训教材,为广大取证人员提供了有价值的参考资料。

在本书的编写过程中,我们始终坚持了以下几个原则:

一、严格遵照国家职业技能标准中关于各专业和各等级的标准,坚持标准化,力求使内容覆盖职业技能等级认定的各项要求。

二、坚持以培养技能人才为方向,从职业(岗位)分析入手,紧紧围绕国家职业技能等级认定题库作为编写重点,既系统又全面,注重理论联系实际,力求满足各个级别取证人员的需求,突出教材的实用性。

三、内容新颖,突出时代感,力求较多地采用新知识、新技术、新工艺、新方法等内容,树立以取证人员为主体的编写理念,力求使图书内容具有创新性,使教材简明易懂,为广大读者所乐用。

我们真诚希望本书能够成为取证人员的良师益友,服务好广大取证人员,真正实现"一书在手,证书可求"。

由于书中涉及内容较多,且新技术、新装备发展非常迅速,加之作者水平有限,书中难免有不当之处,恳请广大读者对本书提出宝贵的意见和建议,以便修订时加以完善。

编 者

Contents

序
前言

项目1　机械系统装调

1.1 机械系统总装准备 2
    1.1.1 机器人工作站总装配图的识读 2
    1.1.2 机器人工作站的组成和装配 5
1.2 机械系统总装 7
    1.2.1 常见工业机器人工作站工艺原理及配套设备装配方法 7
    1.2.2 机器视觉装置的选型及装配 13
1.3 机械系统总装功能检查与调试 19
    1.3.1 气动回路的调试 19
    1.3.2 周边配套设备的功能调试 20
    1.3.3 机器视觉系统部件的使用和调试 25
    1.3.4 传感器的安装和使用 32
    1.3.5 机械总装调试记录单的填写 37
1.4 机械系统装调技能训练实例 39
    技能训练1　视觉组件的装配 39
    技能训练2　装配工作站机械系统的装调 42
1.5 技能大师高招绝活 46
复习思考题 47

项目2　电气系统装调

2.1 电气系统装配 49
    2.1.1 机器人工作站常见电气装置的装配 49
    2.1.2 机器人工作站的急停和安全操作规范 58

目 录 Contents

2.2 电气系统功能检查与调试 62
    2.2.1 机器人电气系统短路、接地及相关检测点的检查 62
    2.2.2 传感器的测试 65
    2.2.3 机器人工作站常用电气装置的参数设置 68
    2.2.4 机器视觉系统的通信和标定 84
2.3 电气系统装调技能训练实例 92
    技能训练1 机器人工作站常见电气装置的装配与设定 92
    技能训练2 工业相机系统的安装与调试 95
2.4 技能大师高招绝活 98
复习思考题 100

项目3 系统操作与编程调试

3.1 系统操作与设定 102
    3.1.1 机器人坐标系及其设定方法 102
    3.1.2 机器人负载参数的设置 104
    3.1.3 机器人外部轴的参数设置 106
    3.1.4 机器人系统信号的设定 112
    3.1.5 网络通信设置 119
    3.1.6 机器人重复定位精度的测试 121
3.2 示教编程与调试 122
    3.2.1 机器人码垛工作站的编程与调试 122
    3.2.2 机器视觉系统的编程 124
    3.2.3 机器人装配工作站的编程与调试 142
    3.2.4 机器人安全运行机制 152
3.3 离线编程与仿真 154
    3.3.1 离线仿真软件的模型文件导入方法 154
    3.3.2 离线编程软件的使用 158

目录 Contents

3.4 系统操作与编程调试技能训练实例 ………………………………………… 159
    技能训练1 机器人装配工作站的编程与调试 ……………………………… 159
    技能训练2 机器人离线仿真软件的使用 …………………………………… 162
3.5 技能大师高招绝活 …………………………………………………………… 165
复习思考题 ………………………………………………………………………… 166

附　录

附录A 模拟试卷样例 …………………………………………………………… 167
附录B 模拟试卷样例参考答案 ………………………………………………… 173

参考文献

Chapter 1 项目 1 机械系统装调

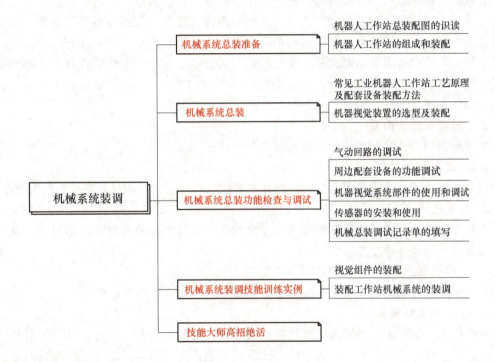

知识目标：

1. 掌握机器人工作站或系统的总装配图识读方法。
2. 掌握机器人工作站及各组成部分的装配方法。
3. 掌握机器人周边配套设备的使用及调试方法。

技能目标：

1. 能识读机器人工作站或系统的总装配图并选用装配工具。
2. 能按照总装配图及工艺文件准备总装零部件。
3. 能正确使用装配工具完成机器人工作站及周边配套设备的装配及调试。

1.1 机械系统总装准备

1.1.1 机器人工作站总装配图的识读

【相关知识】

一、总装配图简介

装配图是用来表达部件或机器的一种图样，表达整台机器或设备的装配图称为总装配图或总装图，表达机器中某一部件或组件的装配图称为部件装配图或组件装配图。装配图与零件图一样也是机器设备制造中的基本技术文件，是工程图样的主要图样之一，是进行设计、装配、检验、安装、调试和维修时所必需的技术文件。一台机器或者一个部件都是由若干个零（部）件按一定的装配关系装配而成的，图 1-1 所示的工业机器人分拣工作站总装配图展示了各部件、组件之间的布局及连接、装配关系。

二、总装配图的内容

总装配图与部件装配图相似，都包含以下内容：

1. 一组视图

应当选用一组恰当的视图，表达出机器各部件、组件之间的布局及连接、装配关系。

2. 几类尺寸

总装配图中的尺寸一般只标注机器人工作站各零部件的规格尺寸、外形尺寸、装配尺寸、安装尺寸以及其他重要尺寸。

3. 技术要求

用文字或符号说明机器人工作站的性能、装配、调试和使用等方面的要求。

4. 明细栏及标题栏

明细栏用于填写工业机器人工作站各组成部分的序号、代号、名称、数量、材料、质量、备注等。标题栏的内容、格式、尺寸已经标准化，主要填写机器人工作站的名称、代号、比例及有关人员的签名等。

【技能操作】

工业机器人线路板焊接工作站总装配图的识读

工业机器人线路板焊接工作站总装配图如图 1-2 所示。

一、总体了解

1) 看标题栏并查找相关资料，了解各部件的名称、用途和使用性能。

由总装配图中的标题栏可知，该设备为线路板焊接工作站，以工业机器人为中心进行线路板焊接任务。

2) 看零部件编号和明细栏，了解各部件的名称、数量和它们在图中的位置。

由图 1-2 可知，工业机器人线路板焊接工作站由 37 种零部件组成，结构稍复杂。

3) 初步分析此工作站的工作原理。

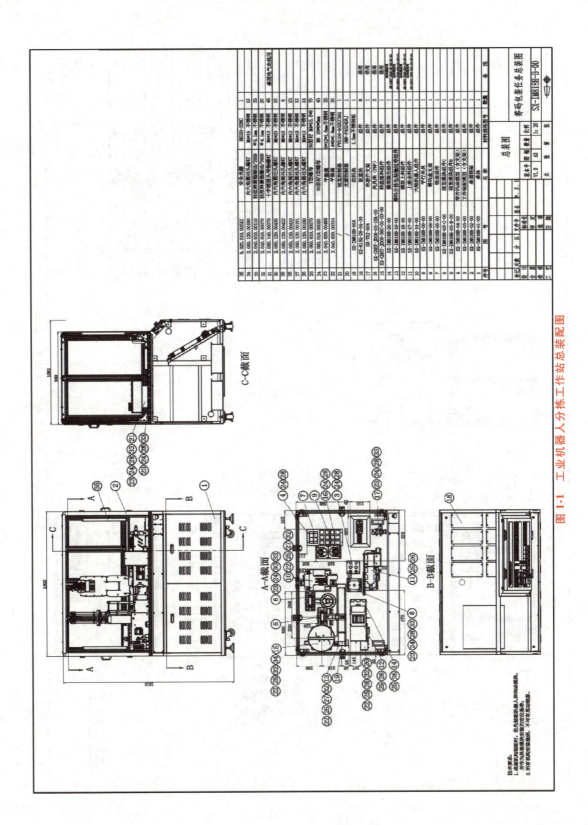

图 1-1 工业机器人分拣工作站总装配图

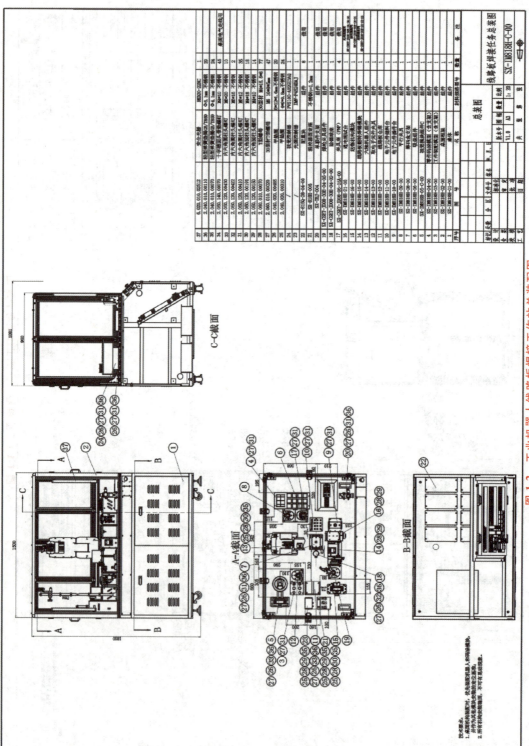

图1-2 工业机器人线路板焊接工作站总装配图

由图 1-2 可知，工业机器人线路板焊接工作站主要由工业机器人、线路板仓库、元件插件台、元件储料台、送锡机构、通电测试台、焊枪夹具组件等组成，由工业机器人运送元件到各个工作站模块完成相应任务，最终完成线路板的焊接和功能测试。

二、分析工业机器人线路板焊接工作站图样

1) 分析视图，弄清各个视图的名称、所采用的表达方法和所表达的主要内容及视图间的投影关系。

该装配图由 4 个视图组成，主视图展示了工作站的整体，同时对 A—A、B—B、C—C 截面的位置进行说明。

2) 确定相互位置、连接和固定方式。

通过总装配图可知，该设备各部分大多采用螺纹连接，通过内六角螺钉和 T 形螺母进行紧固连接。根据 A—A 截面视图可以确定各部分之间的位置关系。

三、读尺寸和技术要求

1) 读图可知该工作站总长 1500mm、总高 1810mm、总宽 1081mm。
2) 读技术要求并预测各部件总装过程。

1.1.2 机器人工作站的组成和装配

【相关知识】

一、机器人工作站的组成

机器人工作站是指使用一台或多台机器人，配以相应的周边配套设备，用于完成某一特定工序作业的独立生产系统，也可称为机器人工作单元。它主要由机器人及其控制系统、辅助设备以及其他周边配套设备所构成。在这种构成中，机器人及其控制系统应尽量选用标准装置，对于个别特殊的场合需要设计专用机器人；而末端执行器等辅助设备以及其他周边配套设备则随应用场合和工件的不同存在着较大差异。因此，这里只阐述一般工作站的构成和设计原则，并结合实例加以简要说明。

一般的机器人工作站由机器人本体、机器人末端执行器、夹具和变位器、机器人底座、配套及安全装置、动力源、工作对象的储运设备和控制系统等部分组成。

例如，焊接机器人工作站的特点在于，人工装卸工件的时间小于机器人焊接的工作时间，可以充分地利用机器人，生产效率高；操作者远离机器人工作空间，安全性好；采用转台交换工件，整个工作站占用面积相对较小，整体布局也利于工件的流转。机器人末端执行器是机器人的主要辅助设备，也是工作站重要的组成部分。同一台机器人，由于安装了不同的末端执行器，可以完成不同的作业，但用于不同的生产作业时，多数情况下需专门设计末端执行器，它与机器人的机型、整体布局、工作顺序都有着直接关系。焊接机器人工作站选用带有防碰撞装置的标准机器人用焊枪。焊接机器人工作站如图 1-3 所示。

在机器人周边配套设备中采用的动力源多以气压或液压作为动力，因此，常需配置气压或液压站以及相应的管线、阀门等装置。对电源有一些特殊需要的设备或仪表，也应配置专用的电源系统。

工作站常配置储运设备。因作业对象常需在工作站中暂存、供料、移动或翻转，所以工作站也常配置暂置台、供料器、移动小车或翻转台架等储运设备。

检查和监视系统对某些工作站来说是非常必要的，特别是用于生产线的工作站。比如要关注工作对象是否到位、有无质量事故、各种设备是否正常运转，都需要配置检查和监视系统。

图 1-3　焊接机器人工作站

机器人工作站应备有自己的控制系统，因为机器人工作站是一个自动化程度相当高的工作单元。目前，机器人工作站控制系统使用最多的是 PLC 系统，该系统既能管理本站使其有序、正常地工作，又能和上级管理计算机连接，向它提供各种信息（比如产品计数等）。

二、机器人工作站的装配

机器人工作站的装配应当严格按照以下要求执行：

1）机械装配应严格按照设计部提供的装配图样及工艺要求进行装配，严禁私自修改作业内容或以非正常的方式更改零件。

2）装配的零件必须是质检部验收合格的零件，装配过程中若发现漏检的不合格零件，应及时上报。

3）装配环境要求清洁，不得有粉尘或其他污染，零件应存放在干燥、无尘、有防护垫的场所。

4）装配过程中零件不得磕碰、切伤，不得损伤零件表面，或使零件明显弯、扭、变形，零件的配合表面不得有损伤。

5）相对运动的零件，装配时接触面间应加润滑油（脂）。

6）相配零件的配合尺寸要准确。

7）装配时，零件、工具应有专门的摆放设施，原则上零件、工具不允许摆放在机器上或直接放在地上，如果需要的话，应在摆放处铺设防护垫或地毯。

8）装配时原则上不允许踩踏机械，如果需要踩踏作业，必须在机械上铺设防护垫或地毯，重要部件及强度较低部位严禁踩踏。

9）作业资料包括总装配图、部件装配图、零件图、物料清单（BOM）等，直至项目结束，必须保证图样的完整性、整洁性，以及过程信息记录的完整性。

10）零件摆放、部件装配必须在规定的作业场所内进行，整机摆放与装配的场地必须规划清晰，直至整个项目结束，所有作业场所必须保持整齐、规范、有序。

11）作业前，按照装配流程规定的装配物料必须按时到位，如果有部分非决定性材料没有到位，可以改变作业顺序，然后填写材料催工单交采购部。

12）装配前应了解设备的结构、装配技术和工艺要求。

【技能操作】

一、装配前的准备工作

1)研究和熟悉产品装配图及有关的技术资料,了解产品的结构,以及各零件的作用、相互关系及连接方法。

2)确定装配方法。

3)确定装配顺序。

4)清点装配时所需的工具、量具和辅具。

5)对照装配图清点零件、外购件、标准件等。

6)对装配零件进行清洗、修配等预处理。

二、装配工作

1)部件装配:把零件装配成部件。

2)总装配:把零件和部件装配成最终产品。在工业机器人工作站中,一般先装配工业机器人本体,然后以本体为中心进行其他部件的装配。

三、调整和精度检验

1)调整工作就是调节零件或机构的相互位置、配合间隙、结合松紧等(如轴承间隙、镶条位置、齿轮轴向位置的调整等),目的是使机构或机器工作协调。

2)精度检验就是用量具或量仪对产品的工作精度、几何精度进行检验,直至达到技术要求。

1.2 机械系统总装

1.2.1 常见工业机器人工作站工艺原理及配套设备装配方法

【相关知识】

工业机器人工作站是指以一台或多台机器人为主,配以相应的周边配套设备,如变位机、输送机、工装夹具等,或借助人工的辅助操作一起完成相对独立的一种作业或工序的一组设备组合。常见的工业机器人工作站有码垛工作站、装配工作站、焊接工作站、涂胶工作站等。

一、码垛工作站

1. 码垛模型

码垛模型效果图如图1-4所示。机器人通过吸盘夹具按要求拾取物料块进行码垛任务,码垛形状要符合要求。

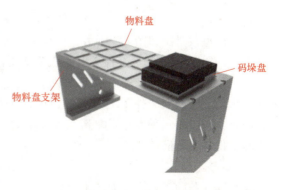

图1-4 码垛模型效果图

2. 尺寸参数

码垛盘和物料块的尺寸如图 1-5 所示。标注的尺寸是模块加工尺寸，实际编程中可以作为参考，但是应以实物为准。

3. 工艺流程

该码垛任务的工艺流程如图 1-6 所示。

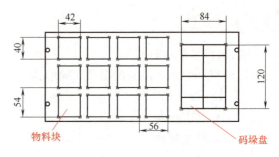

图 1-5 码垛盘和物料块的尺寸

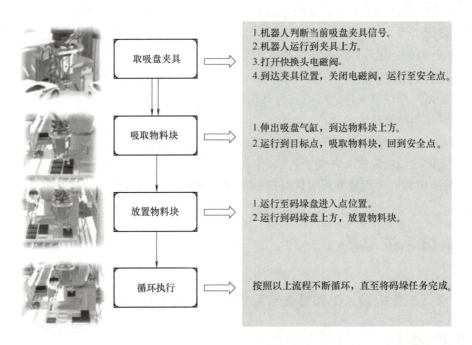

图 1-6 码垛任务的工艺流程

二、装配工作站

1. 装配模型

装配模型效果图如图 1-7 所示。模型工件分为 3 种：工件 1、工件 2 和工件 3。工件 2 以任意角度放置，工件 1 放置于固定工位上，机器人吸取工件 2，通过视觉检测纠正角度，装配到工件 1 上去，使得工件 1 与工件 2 紧密配合，再吸取工件 3，装配到工件 2 上去，使得工件 2 与工件 3 紧密配合。

2. 工艺流程

该装配任务的工艺流程如图 1-8 所示。

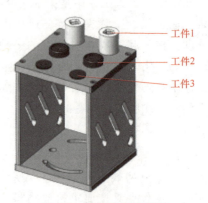

图 1-7 装配模型效果图

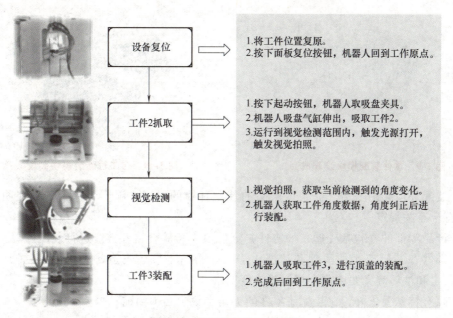

图 1-8 装配任务的工艺流程

【技能操作】

一、物料码垛模块的装配
1）识读装配图。
2）确定装配方法。
3）确定装配顺序。
4）根据装配图要求进行装配。

二、零件装配模块的装配
1）识读装配图。
2）确定装配方法。
3）确定装配顺序。
4）根据装配图要求进行装配。

零件装配模块装配成品如图 1-9 所示。

三、多工位涂装模块的装配
1）识读装配图。
2）确定装配方法。
3）确定装配顺序。
4）根据装配图要求进行装配。

多工位涂装模块装配成品如图 1-10 所示。

四、装配工艺要求

1. 基本要求

1）产品必须严格按照设计、工艺要求和与产品有关的标准、规定进行装配。

图 1-9 零件装配模块装配成品

图 1-10 多工位涂装模块装配成品

2）装配环境必须清洁。高精度产品的装配环境的温度、湿度、降尘量、照明、防振等必须符合有关规定。

3）产品零部件（包括外购、外协件）必须具有检验合格证方能进行装配。

4）零件在装配前必须清理和清洗干净，不得有毛刺、飞边、氧化皮、锈蚀、切屑、砂粒、灰尘和油污等，并应符合相应清洁度要求。

5）除有特殊要求外，在装配前零件的尖角和锐边必须倒钝。

6）配作表面必须按有关规定进行加工，加工后应清理干净。

7）用修配法装配的零件，修整后的主要配合尺寸必须符合设计要求或工艺规定。

8）装配过程中零件不得磕碰、划伤和锈蚀。

9）油漆未干的零部件不得进行装配。

2. 各种连接方法的要求

（1）覆盖件的装配规范

1）所有覆盖件在装配前需进行检查，保证其干净、无灰尘，无磕碰、变形、掉漆、喷涂缺陷现象，焊接部位不得有焊接缺陷，如有缺陷，必须修复后方可使用，如无法现场修复，则退回上道工序或供应商处。

2）装配时，应避免敲击、踩踏，装配过程中不允许造成变形、掉漆。

3）装配完成后，应进行自检，覆盖件不允许有多余的孔洞。

4）两零件对接或搭接时，边缘应该对齐平整，错位量小于或等于 $0.3t$（t 为较薄板厚度），最大不得超过 0.5mm；如图样有要求，按图样要求执行。

5）两零件贴合处间隙小于或等于 $0.3t$，最大不得超过 0.5mm；如图样有要求，按图样要求执行。

6）装配中需要切割时，切口必须平整，毛边必须打磨至不割手。

（2）轴承的装配规范

1）普通轴承的装配规范如下：

① 轴承装配前，轴承位不得有任何的污质存在。

② 轴承装配时应在配合件表面涂一层润滑油，轴承无型号标识的一端应朝里（即靠轴肩方向），有油嘴的按方便加油的方式装配。

③ 轴承装配时应使用专用压具，原则上严禁采用直接击打的方法装配，如因现场条件制约需用锤子敲打，则中间垫以铜棒或其他不损坏装配件表面的物体。套装轴承时加力的

大小、方向、位置应适当，不应使保护架或滚动体受力，应均匀对称受力，保证端面与轴垂直。

④ 轴承内圈端面一般应紧靠轴肩（轴卡），轴承外圈装配后，其定位端轴承盖与垫圈或外圈的接触应均匀。

⑤ 滚动轴承装好后，相对运动件的转动应灵活、轻便，如果有卡滞现象，应检查分析问题的原因并作相应处理。

⑥ 轴承装配过程中，若发现孔或轴配合过松时，应检查公差；过紧时不得强行野蛮装配，应检查分析问题的原因并作相应处理。

⑦ 单列圆锥滚子轴承、推力角接触轴承、双向推力球轴承在装配时轴向间隙符合图样及工艺要求。

⑧ 轴承在拆卸后再次装配时应清洗，必须用原装位置组装，不准颠倒。

2）滚动轴承的装配规范如下：

① 轴承在装配前必须是清洁的。

② 对于油脂润滑的轴承，装配后一般应注入约 1/2 空腔符合规定的润滑脂。

③ 用压入法装配时，应用专门压具或在过盈配合环上垫以棒或套，不得通过滚动体和保持架传递压力或打击力。

④ 轴承内圈端面一般应靠紧轴肩，其最大间隙，对圆锥滚子轴承和向心推力轴承应不大于 0.05mm，其他轴承应不大于 0.1mm。

⑤ 轴承外圈装配后，其定位端轴承盖与垫圈和外圈的接触应均匀。

⑥ 轴承外圈与开式轴承座及轴承盖的半圆孔均应接触良好，用涂色法检验时，与轴承座在对称于中心线的 120°范围内应均匀接触；与轴承盖在对称于中心线 90°范围内应均匀接触。在上述范围内，用 0.03mm 的塞尺检查时，不得塞入外环宽度的 1/3。

⑦ 热装轴承时，加热温度一般应不高于 120℃；冷装时，冷却温度应不低于 -80℃。

⑧ 装配可拆卸的轴承时，必须按内外圈和对位标记安装，不得装反或与别的轴承内外圈混装。

⑨ 可调头装配的轴承，在装配时应将有编号的一端向外，以便识别。

⑩ 在轴的两边装配径向间隙不可调的向心轴承，并且轴向位移是以两端端盖限定时，只能一端轴承紧靠端盖，另一端必须留有轴向间隙。

⑪ 滚动轴承装好后，用手转动应灵活、平稳。

3）滑动轴承的装配规范如下：

① 上下轴瓦应与轴颈（或工艺轴）配加工，以达到设计规定的配合间隙、接触面积、孔与端面的垂直和前后轴承的同轴度要求。

② 刮削滑动轴承轴瓦孔的刮研接触点数，若设计未规定，不应低于标准的要求。

③ 上下轴瓦的接合面要紧密接触，用 0.05mm 的塞尺从外侧检查时，任何部位塞入深度均不得大于接合面宽度的 1/3。

④ 上下轴瓦应按加工时的配对标记装配，不得装错。

⑤ 瓦口垫片应平整，其宽度应小于瓦口面宽度 1~2mm，长度方向应小于瓦口面长度。垫片不得与轴颈接触，一般应与轴颈保持 1~2mm 的间隙。

⑥ 当用定位销固定轴瓦时，应保证瓦口面、端面与相关轴承孔的开合面、端面保持平齐。固定销打入后不得有松动现象，且销的端面应低于轴瓦内孔表面1~2mm。

⑦ 球面自位轴承的轴承体与球面座装配时，应涂色检查它们的配合表面接触情况，一般接触面积应大于70%，并应均匀接触。

4）整体圆柱滑动轴承的装配规范如下：

① 固定式圆柱滑动轴承装配时可根据过盈量的大小，采用压装或冷装，装入后内径必须符合设计要求。

② 轴套装入后，固定轴承用的锥端紧定螺钉或固定销端头应埋入轴承内。

③ 轴装入轴套后应转动自如。

5）整体圆锥滑动轴承的装配规范如下：装配圆锥滑动轴承时，应涂色检查锥孔与主轴颈的接触情况，一般接触长度应大于70%，并应靠近大端。

3. 螺钉和螺栓的装配规范

1）螺栓紧固时，不得采用活扳手，每个螺母下面不得使用1个以上相同的垫圈，沉头螺钉拧紧后尾部应埋入机件内，不得外露，垫片不得大于接触面。

2）覆盖件装配或同类、同一零部件锁紧时，应使用同规格和颜色螺栓、螺母、垫片及结构方式。

3）一般情况下，螺纹连接应有防松弹簧垫圈或加涂螺纹胶，对称多个螺栓拧紧方法应采用对称顺序逐步拧紧，条形连接件应从中间向两方向对称逐步拧紧。

4）螺栓与螺母拧紧后，螺栓应露出螺母1~2个螺距；螺钉在紧固运动装置或维护时无须拆卸部件的场合，装配前螺纹上应加涂螺纹胶。

5）螺栓锁紧后应松两圈然后再最终锁紧。

6）有规定拧紧力矩要求的紧固件，应采用力矩扳手，按规定拧紧力矩紧固。未规定拧紧力矩的螺栓，其拧紧力矩可参考相关标准的规定。

7）螺钉、螺栓和螺母紧固时严禁敲击或使用不合适的螺丝刀与扳手。紧固后螺钉槽、螺母和螺钉、螺栓头部不得损伤。

8）同一零件用多个螺钉或螺栓紧固时，各螺钉（螺栓）需顺时针、交错、对称逐步拧紧，如有定位销，应从靠近定位销的螺钉或螺栓开始。

9）用双螺母时，应先装薄螺母后装厚螺母。

10）螺钉、螺栓和螺母拧紧后，其支承面应与被紧固零件贴合。

11）沉头螺钉拧紧后，钉头不得高出沉孔端面。

4. 销与键连接

1）重要的圆锥销装配时应与孔进行涂色检查，其接触长度应不小于工作长度的60%，并应分布在接合面的两侧。

2）定位销的端面一般应略突出零件表面。内螺纹圆锥销装入相关零件后，其大端应沉入孔内。

3）开口销装入相关零件后，其尾部应分开60°~90°。

4）平键与固定键的键槽两侧面应均匀接触，其配合面间不得有间隙。

5）钩头键、楔键装配后，其接触面积应不小于工作面积的70%，而且不接触部分不得集中于一段。外露部分应为斜面长度的 10%~15%。

6）间隙配合的键（或花键）装配后，相对运动的件沿着轴向移动时，不得有松紧不匀现象。

5. 齿轮传动的装配规范

1）齿轮孔与轴的配合要适当，满足使用要求。

2）齿轮在轴上不得有晃动现象。

3）齿轮工作时不应有咬死或阻滞现象。

4）齿轮不得有偏心或歪斜现象。

5）保证齿轮有准确的安装中心距和适当的齿侧间隙。侧隙过小，齿轮转动不灵活，热胀时易卡齿，加剧磨损；侧隙过大，则易产生冲击振动。

6）保证齿面有一定的接触面积和正确的接触位置。

6. 各类辊轴、胶辊的装配规范

1）装配前检查部件表面是否有磕碰、划伤等缺陷。

2）装配中应保证两端轴承位同心度。

3）不得野蛮强力装配，若发现任何问题，必须查找原因并解决后再装配。

4）装配完成后，部件应能灵活转动，且前后顺序正确。

7. 带轮的装配规范

1）主、从动带轮轴必须互相平行，不许有歪斜和摆动。

2）当两带轮宽度相同时，它们的端面应该位于同一平面上。

3）带安装前，输送平面应调整好水平。

4）带装配时不得强行撬入带轮，应通过缩短两带轮中心距的方法装配，否则可能损伤同步带的抗拉层。

5）张紧轮应安装在松边张紧。

8. 总装规范

1）产品入库前必须进行总装，在总装时，对随机附件也应进行试装，并要保证设计要求。

2）对于需到使用现场才能进行总装的大型或成套设备，在出厂前也应进行试装，试装时必须保证所有连接或配合部位均符合设计要求。

3）产品总装后均应按产品标准和有关技术文件的规定进行试验和检验。

4）试验、检验合格后，应排除试验用油、水、气等，并清除所有脏污，保证产品的清洁度要求，并应采取相应防锈措施。

1.2.2 机器视觉装置的选型及装配

【相关知识】

机器视觉系统是一套可以完整采集、传输、处理和输出物理图像信号的系统，包含了硬件和软件两大部分。一个典型的机器视觉系统包括光源、镜头、工业相机、图像采集卡和图像处理软件 5 大部分，辅以电气系统和执行系统，完成对信号的采集和应用。

一、镜头

镜头是一种光学器件，在机器视觉系统中镜头的基本功能是实现光束变换（调制），将调制后的光线规律地照射在图像传感器的光敏面上，从而完成成像。这和人类视觉中晶状体的功能相似，主要是对成像前的光线进行调制，以达到最佳成像效果。图 1-11 所示为一种定焦镜头。

在工业生产领域，镜头是否合适直接影响机器视觉系统成像效果的好坏，进而影响最终的检测或定位精度，所以选取合适的镜头显得尤为重要。在工业现场，最常见的是使用定焦镜头。

通常，成像目标上的一个点通过透镜后，在透镜后方形成一个倒立的缩小的像，其示意图如图 1-12 所示，这是在镜头选型中需要反复用到的原理图。

图 1-11　定焦镜头

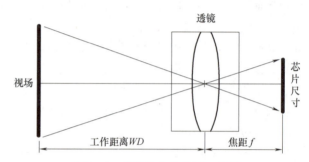
图 1-12　成像各参数关联示意图

在图 1-12 中，根据相似三角形的关系，可以计算出放大倍率：

$$放大倍率 = 像距 \div 物距 = 芯片尺寸 \div 视野$$

为了简化和方便计算，通常认为，物距的大小约等于工作距离 WD，像距约等于焦距 f，视野为 FOV，可以得到计算公式为

$$\frac{FOV}{芯片尺寸} = \frac{WD}{f}$$

进一步可以得出

$$f = \frac{WD \times 芯片尺寸}{FOV}$$

其中，WD 是产品表面到镜头的距离，这个距离在进行机构设计时可以得到设计值；芯片尺寸在相机选型完成后，也可以通过查找厂家的相机产品的参数获得；FOV 的大小可通过被测目标物的尺寸大小确定。这样，就可以通过计算获得镜头的焦距 f 的值。这一点在选取普通定焦镜头时至关重要。

但是，除了定焦镜头外，远心镜头由于其特殊的光路设计，它在一定的工作距离内所得图像的放大倍率不随工作距离的变化而变化，也不存在焦距 f 一说。在常规的有无判断、表面缺陷检测、颜色分析等对系统精度要求不高的应用中，可以选用普通镜头；对于精密测量的应用需求，则考虑选择远心镜头。

另一种类型的镜头是变焦（变倍）镜头，顾名思义，其焦距 f 是可以变化的。

在选择镜头时，关于这三种镜头，有一个整体的镜头选型思路（见图 1-13），这里主

要讲述定焦镜头的选型。

定焦镜头的选型步骤如下：

1. 确认焦距 f

通过 $f=WD×$芯片尺寸$/FOV$ 可以计算得到镜头的焦距 f。

一般情况下，镜头的焦距越长，其机器视觉系统的工作距离就越大；焦距越短，工作距离越小，其视野也就越大。

2. 确认镜头的最大兼容芯片尺寸

镜头选型时，需要注意镜头的最大兼容芯片尺寸，否则可能出现成像时图像边角被"遮挡"

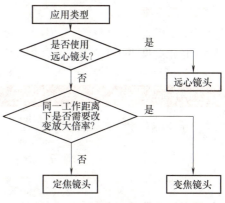

图1-13 三种类型镜头的选型思路

的情况，导致成像不完整。一般我们根据相机的芯片尺寸确认镜头的最大兼容芯片尺寸，遵循的原则为镜头的最大兼容芯片尺寸大于相机的芯片尺寸。

3. 分辨率匹配

由于每款镜头都有对应的分辨率，比如某款镜头的分辨率是200万像素，如果之前已经选型的相机是500万像素的相机，这个镜头去匹配此相机后就会使整体分辨率下降，出现成像不清晰等问题，最终不符合项目精度要求。过大分辨率的镜头去匹配此相机时，又会导致镜头分辨率的浪费和成本的增加，所以一般镜头的分辨率只需等于或略高于相机的分辨率即可。

4. 确认接口

镜头与相机的连接有 C、CS、F、M42 等接口形式。选择镜头时，要与相机的接口进行匹配。

5. 确定景深和光圈

在选择镜头时，在系统允许的情况下，应选择低倍率镜头。对于一些对景深有要求的特殊场合，尽量使用小光圈的镜头，一般需要遵循以下原则：光圈越大，景深越小；光圈越小，景深越大；焦距越长，景深越小；焦距越短，景深越大；距离拍摄物体越近，景深越小；距离拍摄物体越远，景深越大。

6. 与光源的配合

在一些场合下，光源的工作波长比较特殊，比如红外光或紫外光等，这时需要选择与之配合的镜头。

7. 其他考虑因素

（1）镜头的畸变率　同一款镜头也可能有不同的镜头畸变率，一般根据项目需求，尽可能选择畸变率低的镜头。

（2）安装空间　镜头的直径或长度大小选择不合适，可能会造成安装时机构上的干涉，所以需要注意镜头安装方面的问题。

（3）成本的考虑　不同厂家的镜头价格差异比较大，镜头选型时这可能也是客户关心的内容。

二、工业相机

工业相机是一个相对于民用相机的一个说法，主要指应用于工业领域的采像设备。工业相机的分类见表1-1。

表1-1 工业相机的分类

分类方式	对应相机类型	分类方式	对应相机类型
芯片类型	CCD相机	拍照颜色	黑白相机
	CMOS相机		彩色相机
输出信号	模拟相机	图像维度	2D相机
	数字相机		3D相机
像元排列方式	面阵相机	视觉处理器方式	PC相机
	线阵相机		嵌入式相机
			智能相机

通常在选择工业相机时要考虑以下参数：

1. 分辨率

图像是由一个个像素组成的。图像是由图像采集系统获取的，工业上使用工业相机获得产品的图像。相机的核心部件是芯片，而芯片的最小组成单位即像元。通常面阵相机的分辨率有两种表现形式：

1）以相机所拍摄图像的像素个数来表示，即图像宽度方向的像素个数乘以高度方向的像素个数。

2）以相机的有效像元个数来表示，即相机芯片上长方向的有效像元个数乘以宽方向上的有效像元个数。

2. 帧率

帧率是指相机每秒拍摄的帧数，单位为Frame/s（帧每秒）。最高帧率是相机的重要性能参数之一，主要取决于采集速度、数据转换速度和数据传输速度。相同型号的相机在不同分辨率情况下采集的最高帧率不同。一般相机的分辨率越高，其最高帧率越低，这是由于相机的分辨率越高，其采集的数字图像数据就越大，采集时间、数据传输时间可能就越长。

3. 数据接口

相机的数据接口是相机进行图像采集之后，将数据传输到计算机的接口，通常有USB系列、IEEE1394系列、千兆网和Camera Link等。

4. 曝光时间和快门速度

快门是相机上用来控制感光片进行有效曝光时间的一个结构。相机快门速度单位是s，相机的快门速度决定着拍照时对于物体的曝光及光线在相机传感器上所停留的时间长短，一般来说快门速度的时间范围越大越好。电子快门的速度一般可达到$10\mu s$，高速相机可以更快。曝光时间是指从快门打开到关闭的时间间隔。曝光时间越长，图像越亮，同时抗振动能力越差。对运动物体拍摄时曝光时间越长其拖影越长，过长的曝光时间会使相机的帧率下降。曝光时间的设置需要根据现场的照明条件、系统运行的速度和节拍、图像效果综合考虑。

三、光源

在一个完整的机器视觉系统中，包含图像的采集和图像的处理两部分。在图像处理时，所研究和分析的对象是图像，因为所有的信息都来源于图像，所以怎样得到一幅好的图片是图像采集部分设计好坏的一个重要判断标准。而图像采集部分，除了相机、镜头，还有光源。光源通常是很多人构建机器视觉系统时比较容易忽视的部分，实际上光源在机器视觉系统中起着至关重要的作用。

光源有很多种，按照发光机理可以分为以下几种：

1）电阻发光，如白炽灯。
2）荧光粉发光，如荧光灯。
3）电弧和气体发光，如钠灯。
4）固态芯片发光，如发光二极管（LED）。

机器视觉系统中比较常见的光源是荧光灯光源和 LED 光源。LED 光源又分为环形光源、条形光源、背光源、同轴光源等，要根据需要采集图像的具体要求进行选择。图 1-14 所示为 LED 光源的外观。

四、机器视觉装置各组成部分的连接

1. 工业相机与镜头的连接

镜头与工业相机之间大多采用螺口或卡口连接，如图 1-15 所示。因二者之间只有光的传递，没有电信号的传递，因此只需要用手将镜头从工业相机上取下即可，但应注意及时盖上镜头盖保护镜头，防止镜头被磨花。

图 1-14　LED 光源的外观

图 1-15　工业相机与镜头的连接

2. 工业相机的连接

一般来讲，工业相机一方面需要电能进行拍照，另一方面需要将拍好的图像传递到视觉控制器，因此需要一根电缆提供电源（有些相机也可以输出控制信号及接收控制信号），还需要一根线缆与视觉控制器连接（大多采用网线），如图 1-16 所示。

3. 光源线的连接

以目前工业上常用的 LED 光源为例，电源线是从光源控制器上引入的，如图 1-17 所示。

图1-16 工业相机的连接

图1-17 光源控制器接线示意图

4. 光源控制器及视觉控制器的连接

光源控制器及视觉控制器需要有电源引入,有时也会有输入/输出信号接入,如图1-18所示。

图1-18 光源控制器及视觉控制器的连接

【技能操作】

机器视觉装置的装配

一、固定支架的安装

将固定支架根据装配图装配完成,并根据总装配图固定到相应位置,应保证支架安装稳固、无松动。

二、视觉控制器的安装

使用合适的扳手或螺丝刀将视觉控制器固定到总装配图中相应位置,然后连接光源控制器电源线。

三、光源的安装

使用合适的扳手或螺丝刀,根据采光方案将光源固定到固定支架上的合适位置,然后连接光源控制器的控制信号线。

四、工业相机及镜头的安装

使用合适的扳手或螺丝刀将工业相机安装到固定位置，然后连接工业相机与视觉控制器的线缆（包括通信线和电源线）。

将镜头按照相应卡扣与工业相机相连接，并盖好镜头盖。安装过程中应注意不要触碰到镜头。

1.3 机械系统总装功能检查与调试

1.3.1 气动回路的调试

【相关知识】

一、气动管路的检查

检查管路中是否有明显杂物，是否按照气动图样中标明的安装、固定方法安装，并检查以下事项：

1）气动管路接口密封是否良好。
2）螺纹连接头是否满足拧紧力矩要求。

二、气动管路的调试

管路系统的调试主要包括密封性试验和工作性能试验，调试前要熟悉管路系统的功用、工作性能指标和调试方法。

密封性试验前，要连接好全部管路系统。压力源可采用高压气瓶，其输出气体压力不低于试验压力。用皂液涂敷法或压降法检查密封性。当发现外部泄漏时，必须先将压力降到零，方可进行拆卸及调整。系统应保压 2h。

密封性试验完毕后，即可进行工作性能试验。这时管路系统具有明确的被试对象，重点检查被试对象或传动控制对象的输出工作参数。

三、气控元件的检查

1）查看阀的铭牌，注意型号、规格与使用条件是否相符，包括电源、工作压力、通径和螺纹接口等。
2）检查阀体上的箭头方向与系统气体的流动方向是否一致。
3）滑阀式方向控制阀安装是否水平。
4）人工操纵的阀安装位置是否合适。

【技能操作】

1）机械部分动作经检查完全正常后，方可进行气动回路的调试。
2）在调试气动回路前，首先要仔细阅读气动回路图。阅读气动回路图时应注意下面几点：

① 阅读程序框图。通过阅读程序框图大体了解气动回路的概况和动作顺序及要求等。
② 气动回路图中表示的位置（包括各种阀、执行元件的状态等）均为停机时的状态。

因此，要正确判断各行程发信元件，如机动行程阀或非门发信元件此时所处的状态。

③ 详细检查各管道的连接情况。在绘制气动回路图时，为了减少线条数目，有些管路在图中并未表示出来，但在布置管路时却应连接上。在气动回路图中，线条不代表管路的实际走向，只代表元件与元件之间的联系与制约关系。

3）熟悉换向阀（包括行程阀等）的换向原理和气动回路的操作规程。

4）熟悉气源。气源向气动系统供气时，首先要把压力调整到工作压力范围（一般为0.4~0.5MPa），然后观察系统有无泄漏，如发现泄漏处，应先解决泄漏问题。调试工作一定要在无泄漏情况下进行。

5）在气动回路无异常的情况下，首先进行手动调试。在正常工作压力下，按程序进程逐个进行手动调试，如发现机械部分或控制部分存在不正常的现象时，应逐个予以排除，直至完全正常为止。

6）在手动动作完全正常的基础上，方可转入自动循环的调试工作，直至整机正常运行为止。

1.3.2 周边配套设备的功能调试

【相关知识】

工业机器人工作站是由工业机器人配合其他周边配套设备来完成某项任务或工作内容的，因此要对工业机器人的周边配套设备进行功能调试。常见的工业机器人工作站周边配套设备见表1-2。

表1-2 常见的工业机器人工作站周边配套设备

序号	名称	外观	功能描述
1	视觉模块组件		视觉模块中的相机、镜头、光源、支架等进行组合，实现工件角度位置的检测、物料追踪检测等

项目1 机械系统装调

（续）

序号	名称	外观	功能描述
2	物料码垛模块	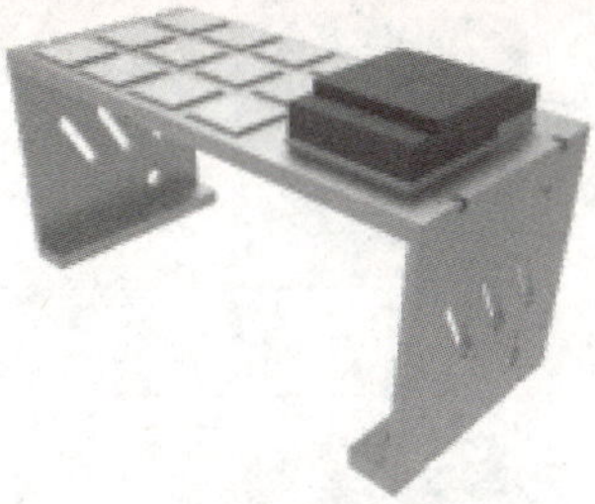	根据要求，机器人将物料块摆放到底板上
3	零件装配模块		模块工件分3种，工件2以任意角度放置，机器人吸取工件2，通过视觉检测纠正角度，装配到工件1上面，使得工件1与工件2紧密配合
4	多工位涂装模块		该模块由带有步进电动机的精密旋转台与物料托盘组成，托盘上固定有3部小车，旋转台带动托盘转动，将小车移动到工作范围内
5	车窗托盘模块		放置各种不同的车窗，供机器人分拣吸取
6	模型上料组件		实现工件底座自动上料

21

（续）

序号	名称	外观	功能描述
7	模型限位组件		配合模型上料组件使用，作为筹码底盒的承料台
8	转盘落料组件		完成对筹码的落料
9	筹码分拣包装输送带组件		运输筹码，带有编码器，主要配合相机完成对筹码的跟踪分拣功能
10	上盖出料组件		实现工件顶盖自动上料。特点：底部上料升降台采用步进电动机控制，能准确地上升一定高度；配合上盖气缸，能方便快速地完成上盖动作
11	筹码盒支架		储存成品的筹码盒，放置线路板原料
12	线路板仓库		2×4的存储位，机器人依次完成线路板焊接后将其放置到存储仓中去

（续）

序号	名称	外观	功能描述
13	电子元件插件台		支架上设计一个托盘，作为线路板插件的载体
14	电子元件储料台		放置线路板相关的电子元件原料
15	线路板翻转焊锡组件		实现对线路板的翻转，为电子元件的焊接做准备。由两个旋转气缸组成
16	通电测试台		对焊接好的线路板进行通电测试，上面带有指示灯，以区分合格品与不合格品
17	送锡机构组件		为线路板焊接提供焊锡丝的机构

（续）

序号	名称	外观	功能描述
18	除锡球座		焊接前除去焊枪头的锡
19	变位机		多用于焊接、涂胶等需要调整工件角度的场景，起到固定并翻转工件的作用

【技能操作】

常见工业机器人周边配套设备的检查和调试方法

一、焊锡组件的检查与调试

焊锡组件如图1-19所示，其检查和调试内容如下：用清洁海绵清理烙铁头，并检查烙铁头状况，如果烙铁头含有黑色氧化物，可镀上新锡层，再用清洁海绵抹净烙铁头。如此重复清理，直到彻底除去氧化物为止，然后再镀上新锡层。禁止在干燥或不干净的海绵或布上擦洗烙铁头（应该使用清洁、湿润的工业级及含硫的海绵）。定期检查烙铁头，若焊料或铁镀层不纯，或焊接表面不干净，在烙铁头冷却后从焊台手柄中取下烙铁头。若烙铁头已无法使用，应及时更换，以防电烙铁的发热芯被烧坏。

图1-19 焊锡组件

二、涂胶枪的检查与调试

涂胶枪如图 1-20 所示,其检查和调试内容如下:检查涂胶枪头是否变形,如果有变形,请及时更换针头,防止涂胶位置不准确或与车体发生碰撞。

三、筹码分拣包装输送带的检查与调试

筹码分拣包装输送带如图 1-21 所示,其检查与调试内容如下:

1) 用手轻轻拨动输送带,检查输送带是否有卡顿,如有卡顿,查找原因并排除。

2) 检查输送带张紧度,过紧可能导致输送带运行不流畅,甚至卡死烧掉电动机,过松则会导致带轮打滑。可以采用以下步骤调整输送带张紧度:

① 调整驱动轴与被动轴的平行度(平行度达不到要求会导致带式输送机跑偏和一边跳齿)。

② 把驱动端轴承、链轮固定,调整好链轮中心距,被动端由松到紧双侧平行张紧,此时用手垂直向上托动下层输送带直至达到合适力度为止。

③ 最后固定死被动端轴承和张紧螺栓即可。

3) 清理输送带中的灰尘,如果灰尘过多会影响机器视觉系统拍照的效果。

图 1-20　涂胶枪

图 1-21　筹码分拣包装输送带

1.3.3　机器视觉系统部件的使用和调试

【相关知识】

一、工业相机的使用

1) 在使用装配好的工业相机之前,应当确认工业相机的型号和数量与任务要求一致,并仔细检查镜头的类型、镜头上接圈数量、光圈值、聚焦环是否正常。镜头的结构如图 1-22 所示。

在扭动镜头的时候,有的时候需要将镜头拧下来,但是这样做会导致相机里面进灰尘,在取像时图像上会出现很多杂质,严重影响图像质量。一般使用无尘布擦拭,擦拭过后如果还有少量剩余的灰尘,可以使用气

图 1-22　镜头的结构

管进行吹气，将剩余灰尘吹净。

2）确认网线、供电线是否已经连接正确（相机和网口通过网线要一一对应）。

3）许多工业相机厂商都有专门软件对相机进行检测和参数设置，例如海康威视厂家提供 MVS 软件供专业人员进行工业相机的使用和调试，如图 1-23 所示。检查 MVS 软件的版本号是否为最新的，如图 1-24 所示。

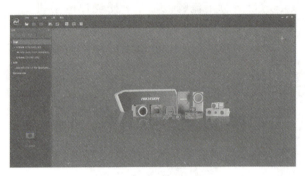

图 1-23　MVS 软件界面

图 1-24　MVS 软件的版本号

4）确认 MVS 软件的相机工具是否可以正常使用，并使用 MVS 软件进行相机取像（可以检查相机是否能正常使用），如图 1-25 所示。

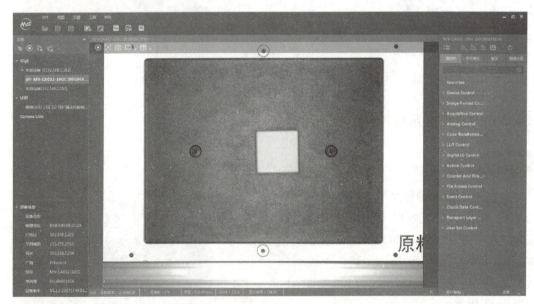

图 1-25　使用 MVS 软件进行相机取像

5）确认 VisionMaster 算法平台是否可以正常打开，如图 1-26 所示，并确认软件的大小是否正常等。

二、光源的使用

为使获得的图像能够突出想要的内容，经常采用打光来提高采集的图像质量。

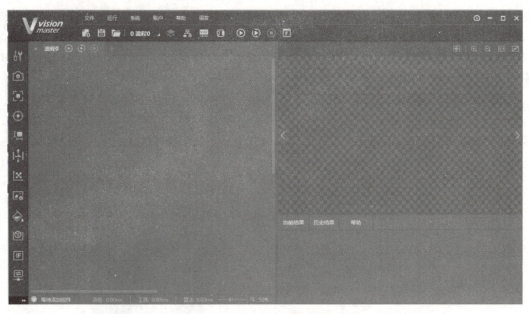

图 1-26 VisionMaster 算法平台界面

光源根据出射方式的不同有以下两种类型：

（1）直射光源　光源发出的光线沿着固定的角度，直线照射到物体表面。直射有时用途很大，有时又可能产生极强的眩光。在大多数情况应避免镜面反射。

（2）漫射光源　此光源发出的光是在平面内各个方向和角度都存在的，它不会投射出明显的阴影。

根据物体材料表面的光特性不同，物体表面材料有镜面反射和漫反射两种类型。

1. 直射光源的应用

直射光源按照出射的角度，有高角度和低角度两种。低角度和高角度一般以入射光相对于物体表面的角度来区分，小于 45°是低角度照射，大于 45°是高角度照射。

比较典型的高角度光源是同轴光源，如图 1-27 所示。同轴光垂直照射出来，射到一个

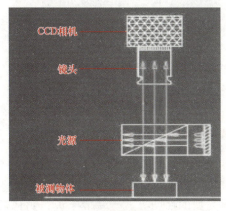

a) 同轴光照明

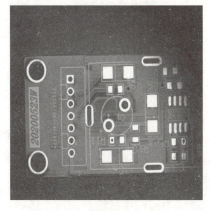

b) 成像效果

图 1-27　同轴光照明和成像效果

使光向下的分光镜上，分光镜反射的光垂直射到被测物体上后，射到被测物体的光会垂直反射穿过分光镜进入镜头，最终在相机里成像。这种类型的光源对检测高反射的物体特别有帮助，可以消除物体表面不平整引起的阴影，从而减少干扰，同时还适合受周围环境阴影的影响较大，待检测特征不明显的物体。

低角度直射光是相对于物体表面，入射角度小于45°的光。当条形直射光从侧面比较低的角度打光时，其物体表面凸出位置的大部分光会被反射到相机视野外的区域，形成图像比较"暗"的区域，而凹下去位置的大部分光会被反射到镜头里并进入相机成像，形成比较"亮"的区域，如图1-28所示。

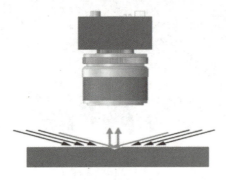

a) 低角度直射光照明　　　　　　b) 成像效果

图1-28　低角度直射光照明和成像效果

2. 漫射光源的应用

漫反射是指照射到物体上的光从各个方向漫散出去。在大多数实际情况下，漫散光在某个角度范围内形成，并取决于入射光的角度。连续漫反射照明应用于表面有复杂角度的物体。连续漫反射照明应用半球形的均匀照明，以减小影子及镜面反射。这种照明方式对于完全组装的电路板照明非常有用。这种光源可以达到170°立体角范围的均匀照明。常见的漫反射光源代表是高球积分光源，也称为碗光。该场景典型应用效果如图1-29所示。

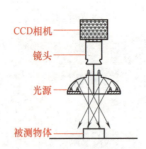

图1-29　高球积分光源漫反射打光效果

3. 明视场和暗视场

明视场是最常用的照明方案，由正面直射光照射形成。暗视场主要由低角度或背光照明形成。对于不同的项目检测需求，选择不同类型的照明方式。一般来说，明视场将背景打亮，特征点打亮，以达到特征和背景分离的目的；暗视场会使背景呈现黑暗，而被测物体则呈现明亮。

使用工业相机拍摄镜子，使其在相机视野内，如果在视野内能看见光源就认为使用明视场照明，在视野中看不到光源就是暗视场照明。因此，光源是明视场照明还是暗视场照明与光源的位置有关，效果差异如图1-30所示。典型的暗视场照明应用于对表面有凸起的部分的照明或表面纹理变化的照明。

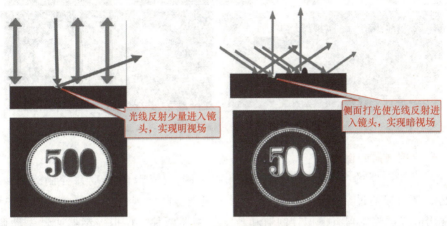

图1-30　明暗视场效果对比

4. 背光照明

采用背光照明时，从物体背面射过来均匀视场的光，通过相机可以看到物面的侧面轮廓，如图1-31所示。

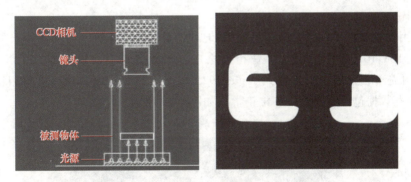

图1-31　背光照明

背光照明常用于测量物体的尺寸和确定物体的方向。背光照明产生很强的对比度，应用背光技术时，物体表面特征可能会丢失，例如可以应用背光技术测量硬币的直径，但是却无法判断硬币的正反面。

5. 偏振片的使用

一般通过偏振片来消除眩光。偏振片由二向色性材料制成，它只允许振动方向平行于其允许方向的光通过，垂直分量被截止，从而将光转换为偏振光。使用偏振片前后的效果对比图如图1-32所示。

图1-32 使用偏振片前后的效果对比图

三、光源控制器的使用

使用光源控制器的主要目的是给光源供电，控制光源的亮度并控制光源照明状态（亮、灭），还可以通过给控制器触发信号来实现光源的频闪，进而大大延长光源的寿命。市面上常用的光源控制器有模拟控制器和数字控制器两种，模拟控制器通过手动调节，数字控制器可以通过计算机或其他设备远程控制。

【技能操作】

机器视觉系统部件的调试

一、测试相机网络

1）使用相机软件手动将工业相机的 IP 地址设置为与计算机网络同网段。如计算机 IP 地址为 192.168.101.5，则可以将工业相机的 IP 地址设置为 192.168.101.50。

2）打开命令提示符窗口，输入"ping192.168.101.50"，测试计算机与相机之间的通信，若能收发数据包，说明网络连接正常，如图1-33 所示。

图1-33 网络连接正常

二、调整相机焦距

1）打开机器视觉编程软件或相机设置软件,将相机模式设置为实时模式,使相机进行连续拍照,如图1-34所示。

图1-34 相机设置

2）调整相机位置,使所需拍照物品完整进入到视野当中并处于合适位置,如图1-35所示。

3）通过手动调整焦距圈或软件设置调整镜头焦距,直到相机拍照获得的图像清晰为止,如图1-36所示。

图1-35 调整相机位置

图1-36 调整焦距

三、调整图像亮度

通过软件和硬件均可以调整图像亮度。

1）硬件调整：旋转镜头光圈,调节单位时间内通过光圈光线的多少,可以改变图像亮度；也可以通过调整光源的亮度进行图像亮度的调节。

2）软件调整：打开相机设置软件，选择"灯光"→"手动曝光"，调试"目标图像亮度""曝光时间"等参数，直到图像的颜色和形状的清晰度满足要求为止，如图1-37所示。

在调整时注意：应首先考虑通过硬件调整图像亮度，若仍不理想再使用软件调整，特别是"曝光时间"参数应谨慎修改，它会影响到整个图像采集的周期。

1.3.4 传感器的安装和使用

【相关知识】

一、传感器的分类

国家标准GB/T 7665—2005《传感器通用术语》中对传感器下的定义是："能感受被测量并按照一定的规律转换成可用输出信号的器件或装置，通常由敏感元件和转换元件组成。"传感器是一种检测装置，能感受到

图1-37 调整图像亮度

被测量的信息，并能将感受到的信息按一定规律转换成为电信号或其他所需形式的信息输出，以满足信息的传输、处理、存储、显示、记录和控制等要求。它是实现自动检测和自动控制的首要环节。

目前，对传感器尚无统一的分类方法，但比较常用的有如下三种：

1）按传感器检测的物理量分类，可分为位移、力、速度、温度、流量、气体等传感器。

2）按传感器的工作原理分类，可分为电阻、电容、电感、电压、霍尔、光电、光栅、热电偶等传感器。

3）按传感器输出信号的性质分类，可分为输出信号为开关量（"1"和"0"或"开"和"关"）的开关型传感器，输出信号为模拟量的模拟传感器，输出信号为数字量或数字编码的数字传感器。

二、传感器的安装

传感器的安装主要有4种方法：螺钉安装、磁力安装座安装、胶粘剂安装和探针安装。螺钉安装是4种安装方法中最安全可靠的一种，其他3种安装方法都会减小其高频响应范围，因为都在传感器与安装表面间插入了安装介质，如磁力安装座、探针和胶粘剂。

安装前应对传感器与被测件接触的表面进行处理，表面要求清洁、平滑，不平度应小于0.01mm。安装螺孔轴线与测试方向一致，如安装表面较粗糙时可在接触面上涂些真空硅脂、重机械油、蜂蜡等润滑剂，以改善安装耦合从而改善高频响应。

1. 螺钉安装

安装螺孔轴线与测试方向要一致。螺孔深度不可过浅，以免安装螺钉过分拧入传感器，造成基座弯曲而影响灵敏度。以压电加速度传感器为例，每只压电加速度传感器出厂时都配有一只钢制安装螺钉（规格通常为M5或M3），用它将压电加速度传感器和被测物体固定即可。M5安装螺钉的推荐安装力矩为2N·m，M3安装螺钉的推荐安装力矩为

0.6N·m，安装完成后传感器与安装面应紧密贴实，不应有缝隙。

2. 磁力安装座安装

磁力安装座分对地绝缘和对地不绝缘两种。在低频小加速度测试试验中，如被测物为不宜钻安装螺孔的试验件，如机床、发动机管道等，磁力安装座安装则是一种方便的传感器安装方法。如被测表面较平坦且是钢铁结构，可直接安装；如被测表面不平坦或无磁力，需在被测表面粘接或焊接一钢垫，用来吸住磁力安装座。

3. 胶粘剂安装

可用多种胶粘剂粘接。粘接面要平整光洁，并需按粘接工艺清洗粘接面。目前常用的502胶粘接工艺如下：

1) 先用200~400号砂纸对安装面进行打磨。
2) 用丙酮或无水乙醇清洗打磨面，并彻底擦干。
3) 在粘接部位滴适量的502胶，之后用手加压，将传感器压住几秒，待胶初步固化后松开手，或去掉压力静置十几秒，使胶彻底固化达到粘接强度。
4) 欲取下粘接在被测物体上的传感器，请先于黏合部位涂布丙酮，过几分钟后用螺丝刀取下。注意不要用力过猛。如果轻轻用力取不下时，可再涂布溶剂，待几分钟后再轻轻取下。

4. 探针安装

当因被测表面狭小等，不能采用以上较可靠的安装方法，或对设备进行快速巡检时，手持探针安装是一种方便的安装方法。由于这种安装方法安装谐振频率低，所以仅能用于1000Hz以下的测试。

【技能操作】

常见传感器的安装

在机器人工作站中会用到各种各样的传感器，其中气缸磁性开关、光纤传感器、电感式接近开关传感器使用最为广泛。

一、气缸磁性开关的安装

气缸是工业机器人工作站最常用的执行机构之一，为掌握气缸状态，往往需要在气缸上安装磁性开关来检测气缸位置，常见的安装方法有以下4种：

1. 钢带固定

在钢带内侧有一层胶抗滑层。图1-38a中，通过螺钉将磁性开关锁紧在外侧的正确位置上；图1-38b中，先将磁性开关安装在带沟槽的轭架上，再用钢带固定，旋紧安装螺钉，则磁性开关就被固定在缸筒上。此安装方法安全，但紧固力不能过大，以防止拉长甚至拉断钢带，适用于无拉杆的中小型气缸。钢带安装时不要倾斜，否则受冲击返回至正常位置时便会松动。

2. 导轨固定

将磁性开关固定在导轨上，如图1-39所示。开关壳体上有一带孔的夹片，导轨中有一可滑动的安装螺母，将安装螺钉穿过夹片孔，对准螺母拧紧，则开关便紧固在导轨上。这种安装方法通常用于中小型气缸及带安装平面的气缸。

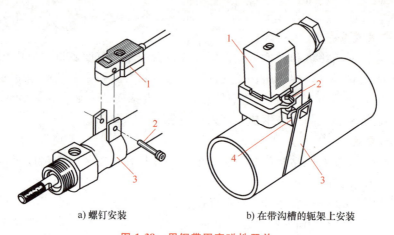

a) 螺钉安装　　　　　　b) 在带沟槽的轭架上安装

图1-38　用钢带固定磁性开关

1—磁性开关　2—安装螺钉　3—钢带　4—带沟槽的轭架

3. 卡固在拉杆上

开关壳体上有带孔夹片或带孔凸缘，如图1-40所示将安装件用止动螺钉固定在拉杆上，再将开关固定在安装件上。

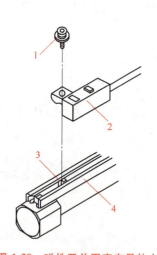 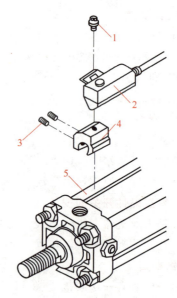

图1-39　磁性开关固定在导轨上　　　　图1-40　磁性开关卡固在拉杆上

1—安装螺钉　2—磁性开关　　　　　　1—安装螺钉　2—磁性开关　3—止动螺钉
3—安装螺母　4—导轨　　　　　　　　4—带孔凸缘　5—拉杆

4. 直接安装

将磁性开关插入导轨槽中，用止动螺钉固定，或通过安装件用止动螺钉固定，如图1-41所示。

二、气缸磁性开关使用注意事项

1）从安全考虑，两磁性开关的间距应比最大磁滞距离（两磁性开关磁场磁力线之间

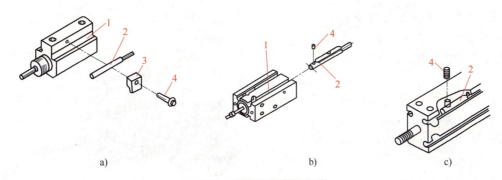

图 1-41 磁性开关直接安装

1—导轨槽 2—磁性开关 3—安装件 4—止动螺钉

的距离）大 3mm。

2）磁性开关不得装在强磁场设备旁（如电焊设备等）。

3）两个以上气缸磁性开关平行使用时，为防止磁性体移动的相互干扰，影响检测精度，两缸筒间距离一般应大于 40mm。

4）活塞接近磁性开关时的速度不得大于磁性开关能检测的最大速度。该最大速度 v_{max} 与磁性开关的最小动作范围 l_{min}、磁性开关所带负载的动作时间 t_c 之间的关系为 $v_{max} = l_{min}/t_c$。例如，磁性开关连接的电磁阀的动作时间 $t_c = 0.02s$，磁性开关的最小动作范围 $l_{min} = 10mm$，则磁性开关能检测的最大速度 $v_{max} = 500mm/s$。若气缸活塞的速度小于 500mm/s，则此磁性开关可以使用。若活塞运动速度大于 500mm/s，又没有合适的通用型磁性开关可选，则只能选用带延时功能的磁性开关。

5）安装开关时拧紧螺钉的力矩要适当。力矩过大会损坏开关，力矩太小有可能使开关的最佳安装位置出现偏移。

6）要定期检查磁性开关的安装位置是否出现偏移。活塞在设定位置停止时对着双色型开关，绿灯亮为正确，红灯亮则表示出现偏移了。

三、光纤传感器的安装

光纤传感器由放大器单元、光纤单元和配线插接件单元三个组件组成，其安装复杂一些。

1. 放大器单元的安装

将光纤传感器放大器单元中与光纤单元相连接侧的另一侧的钩爪嵌入固定导轨后，再下压放大器单元直到钩爪完全锁定，如图 1-42 所示。

注意：务必将与光纤单元相连的一侧先嵌入导轨进行安装，逆向安装会导致安装强度下降。

2. 放大器单元的拆卸

如图 1-43 所示，先压向方向 1，再将光纤传感器插入部往方向 2 提，即可将放大器单元拆卸下来。

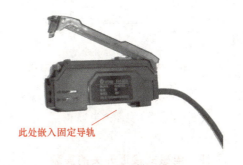

此处嵌入固定导轨

图 1-42 放大器单元安装示意图

3. 配线插接件单元的安装

将配线插接件单元插入放大器单元的母插接件中，直到发出"咔"的声音。

4. 配线插接件单元的拆卸

滑动子插接件，如图1-44所示，按下插接件的扳钮，使母、子插接件完全分离。

5. 光纤单元的安装

如图1-45所示，按1打开保护罩，按2打开锁定拨杆，按3将光纤插入放大器单元插入口并确保插到底部，再按4将锁定拨杆拨回原来位置固定住光纤，最后盖上保护罩。

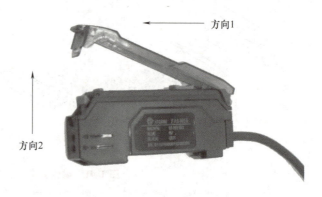

图1-43 放大器单元拆卸示意图

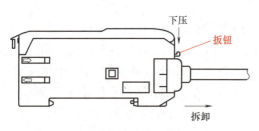

图1-44 配线插接件单元拆卸示意图

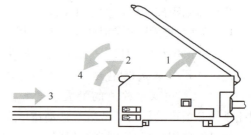

图1-45 光纤单元安装示意图

注意：光纤的插入位置要到位，具体位置要求如图1-46所示，如不完全插入可能会引起检测距离下降。

6. 光纤单元的拆卸

如图1-47所示，打开保护罩，解除锁定拨杆，然后拔出光纤。

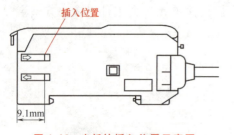

图1-46 光纤的插入位置示意图

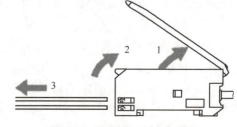

图1-47 光纤单元拆卸示意图

7. 感测头的固定

光纤传感器的感测头通常采用支架或安装件进行固定，感测头应对准需要检测的方向，如图1-48所示。

四、电感式接近开关的安装

电感式接近开关为无触点型开关，由于产品自身固有形式特性，因而也有其脆弱的地方。接近开关与接近开关之间近距离安装，以及与金属安装支架或周围金属物体近距离安装都会对检测距离产生影响，从而使传感器的检测距离发生变化。

电感式接近开关常常采用安装板安装，使用螺母固定，其安装示意图如图1-49所示。

在安装电感式接近开关时应注意以下事项：

① 圆柱形金属外壳接近开关因产品前端有塑胶端盖，故产品前后部分的安装扭矩不同。

② 方形塑胶外壳接近开关安装时应使用盘头螺钉，紧固扭矩控制在0.7N·m以下。

③ 按接近开关的型号规格，选择螺钉的大小和长度。

④ 安装时请勿使螺母凸出螺纹部位。

⑤ 周围金属的影响。接近开关周围的金属会对其检测产生影响，导致距离变化、复位不良等误动作，为防止周围金属引起的误动作，在周围有金属物的使用场合，应与金属物保持一定的距离。

⑥ 相互干扰。当近距离安装两个以上接近开关时，为了防止相互干扰引起误动作，请保持一定距离安装。

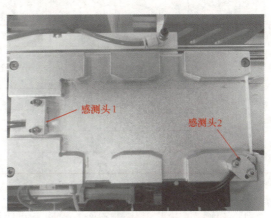

图1-48 光纤传感器感测头的安装

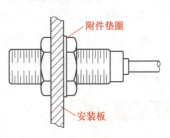

图1-49 电感式接近开关的安装板安装

1.3.5 机械总装调试记录单的填写

【相关知识】

在实际工作当中，完成整个设备机械总装配和调试后，应当正确填写机械部件装调记录单并留存，以便进行以后的使用、维护及保养工作。某机器人工作站的装配调试记录单见表1-3。

表1-3 某机器人工作站的装配调试记录单

名称			型号		
图样编号			装配时间		填表人
		项目	完成情况	装配人员	备注
总装配记录	1				
	2				
	3				
	4				

(续)

		项目	完成情况	调试人员		备注
调试记录	1					
	2					
	3					
	4					
	5					
	6					

装配调试记录单中应包含以下内容：

① 名称：填写此工作站名称，后期查阅使用时可以快速找到相应表单。

② 型号：填写此工作站的型号，以便分辨不同型号的工作站，防止出现混淆。

③ 图样编号：记录机械部件装配所使用的总装配图，在维修和保养部件时提供依据。

④ 装配时间：记录装配任务时间，确定保养周期。

⑤ 装配记录及调试记录：填写装配和调试项目、完成情况及人员分配，如有特殊情况可在备注栏说明。

【技能操作】

填写某机器人工作站的总装配调试记录单

填写好的某机器人工作站的装配调试记录单见表1-4。

表1-4 填写好的某机器人工作站的装配调试记录单

名称		工业机器人线路板焊接工作站		型号	IM818H		
图样编号		SX-IM818H-C-00		装配时间	2023年6月1日	填表人	李＊＊
装配记录		项目	完成情况	装配人员			备注
	1	工业机器人本体装配	已完成	王＊＊			
	2	送锡机构装配	已完成	刘＊＊			
	3	通电测试台装配	已完成	张＊＊			
	4	视觉模块组件装配	已完成	王＊＊			
调试记录		项目	完成情况	调试人员			备注
	1	机械部分检查	已完成	李＊＊			
	2	管道连接情况检查	已完成	李＊＊			
	3	位置布局检查	已完成	张＊＊			
	4	视觉系统功能调试	已完成	张＊＊			
	5	功能调试1	已完成	张＊＊			
	6	功能调试2	已完成	张＊＊			

1.4 机械系统装调技能训练实例

技能训练1 视觉组件的装配

一、训练要求

某工业机器人工作站需要视觉组件配合工业机器人完成汽车车窗涂胶任务中车窗的抓取、放置及涂胶动作,现要求技术人员完成视觉组件的机械系统安装与调试,以配合后续整个工作站的工作。

1) 能够按照装配图完成视觉组件的装配工作,并且根据要求进行调试。
2) 确保操作过程中的人身和设备安全。
3) 在视觉组件装配过程中,不得随意更改图样中的各项数据,否则可能会出现设备安全故障。

视觉组件装配图如图1-50所示。

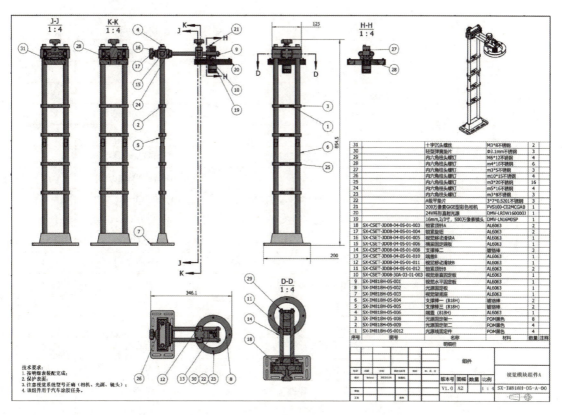

图1-50 视觉组件装配图

二、工具及器材清单

工具及器材清单见表1-5。

表1-5 工具及器材清单

	序号	名称	型号及规格	数量
工具	\multicolumn{4}{l}{活扳手、尖嘴钳、内六角扳手、十字螺丝刀、斜口钳、PU(聚氨酯)气管剪刀}			
器材	1	视觉水平固定板	AL6063	1
	2	光源固定板	AL6063	1
	3	视觉架底座	AL6063	1
	4	支撑棒一	镀铬棒	2
	5	支撑棒三	镀铬棒	2
	6	端盖 A	AL6063	1
	7	光源固定架一	POM(聚甲醛),黑色	4
	8	光源固定架二	POM,黑色	8
	9	光源线固定件	POM,黑色	4
	10	锁紧顶针 A	AL6063	2
	11	锁紧旋钮	AL6063	2
	12	视觉移动滑块 A	AL6063	1
	13	横梁固定端板	AL6063	1
	14	支撑棒二	镀铬棒	2
	15	端盖 B	AL6063	1
	16	视觉移动滑块 B	AL6063	1
	17	锁紧顶针 B	AL6063	2
	18	视觉垂直固定板	AL6063	1
	19	相机镜头	DMV-LN16M05P	1
	20	彩色工业相机	PVS100-C02MCGAB	1
	21	环形光源	DMV-LRDW160000J	1
	22	平垫圈	201 不锈钢	3
	23	内六角圆柱头螺钉	M10×15	4
	24	内六角圆柱头螺钉	M3×20	16
	25	内六角圆柱头螺钉	M3×5	3
	26	内六角圆柱头螺钉	M3×8	3
	27	内六角圆柱头螺钉	M4×10	6
	28	内六角圆柱头螺钉	M5×16	4
	29	内六角圆柱头螺钉	M6×12	4
	30	十字槽沉头螺钉	M3×8	2
	31	轻型弹簧垫圈	φ3.1	3

三、评分标准

评分标准见表1-6。

表 1-6 评分标准

序号	项目	考核要求	评分标准	配分	扣分	得分
1	视觉系统支架的安装	1. 严格按照要求将材料清单中每个零部件装配到对应位置 2. 各装配组件紧固良好,无松动现象 3. 视觉组件布局符合要求 4. 装配过程中不可造成各零部件损伤	1. 有零部件未装配每个扣1分(扣满4分为止) 2. 组件有松动现象每处扣1分 3. 视觉组件布局不符合要求扣1分 4. 零部件发生损伤,不影响正常工作扣1分,如导致该零部件无法使用,扣4分	4分		
2	光源的安装	光源安装牢固,安装过程中无挤压现象	1. 安装不牢固扣0.5分 2. 有挤压光源现象扣1分	3分		
3	工业相机的安装	工业相机安装牢固,安装过程中无触摸感光芯片行为	1. 安装不牢固扣0.5分 2. 有触摸感光芯片行为扣2分	3分		
4	镜头的安装	镜头安装牢固,安装过程中镜头保护盖无脱落	1. 安装不牢固扣0.5分 2. 镜头保护盖脱落扣1分	3分		
5	职业素养和安全规范	1. 现场操作安全保护符合安全规范操作流程 2. 劳保鞋、安全手套等安全防护用品穿戴合理 3. 遵守考核纪律,尊重考核人员 4. 爱惜设备器材,保持工作场地整洁	1. 操作不符合安全规范操作流程,但未损坏设备,扣1分 2. 未正确穿戴安全防护用品,扣0.5分 3. 工作场地不整洁,扣0.5分	2分		
			合计	15分		
备注			考评员 签字		年　月　日	

四、操作步骤

1. 视觉系统支架的安装

1)根据装配图安装视觉支架,安装过程要严格按照装配图要求进行,确保支架牢固、无晃动现象。

2)将视觉系统支架按照布局要求安装在工业机器人工作站台面上,安装时应确保视野在视觉系统支架的正下方,以方便后期调试。

2. 光源的安装

将环形光源用螺钉固定在相机支架的相应位置,在安装时应避免挤压光源,防止光源LED灯珠被破坏。

3. 工业相机的安装

将工业相机用螺钉固定在相机支架的相应位置,安装时手不要接触相机感光芯片,否则在采集图像时可能会出现图像模糊的情况。

4. 镜头的安装

相机和镜头均是 C 接口，因此只需将镜头螺纹对准相机轻轻旋转，直至镜头安装完成。安装时不要将镜头保护盖取下。

实际上，视觉系统在硬件安装方面非常灵活便捷，工作人员只需要按照要求完成安装即可，这样在将系统固定以后，可以达到更好的应用效果，也可以确保检测质量。所以在安装期间，需要先结合实际情况确定装置的安装角度，一般装置需要按照直角或水平来进行安装固定。在后期的调试过程中，要针对图像质量进行位置、焦距、亮度等的调节，以获取一张质量良好的图像。

技能训练 2　装配工作站机械系统的装调

一、训练要求

要求技术人员通过阅读图 1-51 所示的六轴工业机器人组件装配图，完成工业机器人装配工作站各组件的装配，然后进行机械总装，最终使工业机器人工作站各装配机构运行顺畅，满足后续的编程调试需要。

1）确保操作过程中的人身和设备安全。

2）在机器人工作站总装过程中，不得随意更改图样中的各项数据，否则可能会出现设备安全故障。

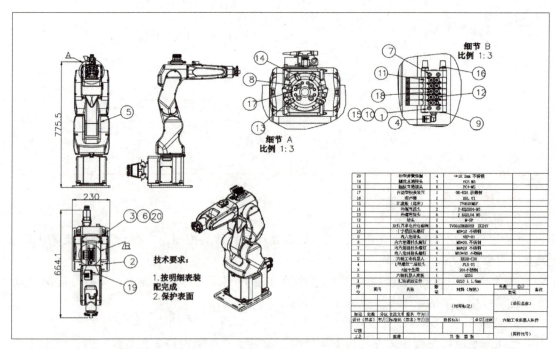

图 1-51　六轴工业机器人组件装配图

二、工具及器材清单

工具及器材清单见表 1-7。

表 1-7 工具及器材清单

工具		活扳手、尖嘴钳、内六角扳手、十字螺丝刀、斜口钳、PU 气管剪刀		
器材	序号	名称	型号及规格	数量
	1	工业机器人系统集成平台	自定	1
	2	工业机器人本体	自定	1
	3	装配模块	AL6063	1
	4	视觉组件	自定	1
	5	吸取式末端执行器零件	自定	1
	6	夹具座	与末端执行器配套	1

三、评分标准

评分标准见表 1-8。

表 1-8 评分标准

序号	项目	考核要求	评分标准	配分	扣分	得分
1	吸取式末端执行器的装配	1. 严格按照要求将材料清单中每个零部件装配到对应位置 2. 各装配组件紧固良好,无松动现象 3. 装配过程中不可造成各零部件损伤	1. 有零部件未装配每个扣 1 分(扣满 4 分为止) 2. 组件有松动现象每处扣 0.5 分 3. 零部件发生损伤,不影响正常工作扣 1 分,如导致该零部件无法使用,扣 4 分	4 分		
2	装配模块的装配	1. 严格按照要求将材料清单中每个零部件装配到对应位置 2. 各装配组件紧固良好,无松动现象 3. 装配过程中不可造成各零部件损伤	1. 有零部件未装配每个扣 0.5 分(扣满 2 分为止) 2. 组件有松动现象每处扣 0.5 分 3. 零部件发生损伤,不影响正常工作扣 0.5 分,如导致该零部件无法使用,扣 2 分	2 分		
3	夹具座的装配	1. 严格按照要求将材料清单中每个零部件装配到对应位置 2. 各装配组件紧固良好,无松动现象 3. 装配过程中不可造成各零部件损伤	1. 有零部件未装配每个扣 0.5 分(扣满 2 分为止) 2. 组件有松动现象每处扣 0.5 分 3. 零部件发生损伤,不影响正常工作扣 0.5 分,如导致该零部件无法使用,扣 2 分	2 分		
4	视觉系统的装配	1. 严格按照要求将材料清单中每个零部件装配到对应位置 2. 各装配组件紧固良好,无松动现象 3. 装配过程中不可造成各零部件损伤	1. 有零部件未装配每个扣 0.5 分(扣满 2 分为止) 2. 组件有松动现象每处扣 0.5 分 3. 零部件发生损伤,不影响正常工作扣 0.5 分,如导致该零部件无法使用,扣 2 分	2 分		

（续）

序号	项目	考核要求	评分标准	配分	扣分	得分
5	工作站总装配	根据要求完成各装配组件的布局	布局尺寸不符合要求每处扣1分（要求尺寸误差不超过3mm）	3分		
6	职业素养和安全规范	1. 现场操作安全保护符合安全规范操作流程 2. 劳保鞋、安全手套等安全防护用品穿戴合理 3. 遵守考核纪律，尊重考核人员 4. 爱惜设备器材，保持工作场地整洁	1. 操作不符合安全规范操作流程，但未损坏设备，扣0.5分 2. 未正确穿戴安全防护用品，扣0.5分 3. 工作场地不整洁，扣0.5分	2分		
			合计	15分		
备注			考评员签字		年　月　日	

四、操作步骤

1. 工作站各组件的装配

本工作站采用六轴工业机器人，组件装配图样如图1-51所示，组件有装配模块、末端执行器及夹具座、机器视觉系统等。

1）吸取式末端执行器的装配。装配完成后如图1-52所示。

2）装配模块的装配。装配模块如图1-53所示，其装配图如图1-54所示。

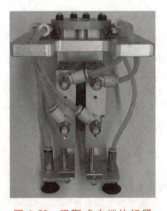

图1-52　吸取式末端执行器

图1-53　装配模块

3）夹具座的装配。

4）机器视觉系统的装配。

2. 工作站总装配

1）工业机器人本体的安装与固定。

2）装配模块的安装与固定。

3）夹具座的安装与固定。

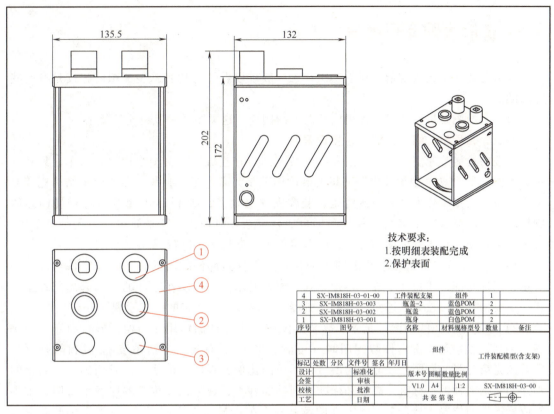

图 1-54 装配模块装配图

4）机器视觉系统的安装与固定。

5）气路的连接。

3. 工作站机械系统的调试

1）吸取式末端执行器的功能测试。

2）机器视觉系统的图像采集系统的调试。

装配完成的工业机器人装配工作站如图 1-55 所示。

图 1-55 装配完成的工业机器人装配工作站

1.5 技能大师高招绝活

机械总装配图比较复杂，新手初次接触一般难以看懂。其实总装配图的识读是有一些窍门的。

机械装配图是机械加工零件组成装配件的图样，这类图样一般也比较复杂。

一、先粗后精，细致分析，逐步理解

一般的机械装配图有总装配图和部件装配图。有些机器，由于结构比较简单，只有一张装配图，如TQ700型铜锌版铡切机的装配图就是只有一张。有些机器，由于结构比较复杂，一张或几张图样不容易表达清楚，装配图就比较多，如TTL490型立式停回转凸版印刷机的装配图就有二十多张，并且图形也比较复杂。但是，不管是简单的，还是复杂的，其识读可采用先粗读后细读的方法，结合零件图，反复多次进行。

1）充分了解各部件在总装配图上的位置及部件与部件之间的关系，如零件与部件的关系、部件与部件的相互位置、连接方式、配合要求，一些动作零件的运动起始与终止位置、主要的技术参数等，进而了解整个机器的主要性能以及它的动作原理。

2）结合零件图的识读，充分了解装配图中各个零件的作用、结构、形状和安装顺序等。例如，当拿到一份部件装配图时（可能有多张），首先要弄清楚装配件图样的张数、所看的是第几张、标题栏、部件的编号、图形的比例、视图的形状，以及明细表中列出的零件的名称、种类、材料、数量和标准紧固件的种类、数量，并按其顺序逐个查明各个零件或标准件的位置，结合视图、零件图及其他有关资料（如说明书等），了解装配图中的装配件用途、工作方式，弄清楚装配图采用的表达方法、各视图之间的投影关系，以及各视图表达的主要内容等。

3）细致分析各个零件的装配关系、装配技术条件，特别注意它的装配基准和装配技术参数。由于装配图是许多零件画在一起，不可避免地会出现投影重叠。这时就不能盲目地看图，而是要找出视图中各运动零件的装配关系，把传动系统、控制系统或不同的工作部分分为几条装配线，逐条分析清楚装配线上零件的相互作用。也就是要化繁为简，逐步弄清楚。

二、先主后次，综合分析，全面了解

如果一份装配图有许多张，就不能这一张看看、那一张看看，即使看得很仔细，得到的也是不全面的概念。对于这类机械装配图，可以根据总装配图标注的部件位置，逐一、顺序分析理解各个部件装配图的内容。在此基础上，理清各个部件装配图的关系，想象出整个机器的结构、形状、工作原理。初看起来，似乎要求高了一点，但是还是有办法的。这就要求分清机器结构的主次，先抓住主要的东西，后抓住次要的东西，就不难办到了。

一般可以从以下几个方面入手：

1）从分析机器的机架入手，然后以机架为中心逐个分清安装在机架上的零件的作用，以及零件与零件的装配关系。从建立它们的空间位置，进而了解整个机器的结构、工作原理。但是，有些机器的机架装配图并不是一个部分，或者是不完整的，而且是分别画在其他不同的部分里。对于这样的装配图，也可以从分析它的机架部分入手，不过需要把有关部分的装配图拼接起来，并做上记号。如果只是单独地分析一张张的图样，就很难掌握要领。

2）从分析机器的运动零件（包括提供动力的元件）入手，逐步分析各运动零件的装配位置和相互之间的装配关系、技术条件，进而明了整个机器的结构和工作原理。

3）从分析机器的动作原理入手，如起始位置、动作要求等，以此出发，分析各零件的装配关系、主要结构，从而了解机器的工作原理。分清了各零件的功用和技术条件，就比较容易掌握其主要结构和原理了。

当然，掌握识读机械装配图的技巧，也要因人而异、因机而异，要善于发现。识读顺序是先特殊后一般，最重要的是抓住装配图中最主要的装配系统，由表及里，由一般的概念了解到逐步建立起它的空间想象位置，这样才能驾轻就熟。另外，还要多多练习如何按照机械装配图的要求安装机器，从理论落到实践，才能真正掌握识读机械装配图的技巧。

复习思考题

1. 简述总装配图的内容。
2. 简述机器人工作站的组成。
3. 选择工业相机时要考虑哪些参数？
4. 气动管路检查与调试的内容是什么？
5. 简述机器视觉系统部件的调试内容。

Chapter 2 项目2 电气系统装调

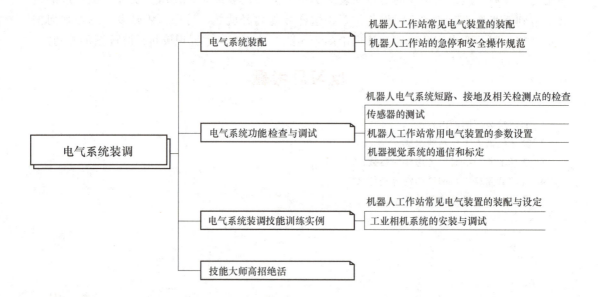

知识目标:

1. 掌握可编程控制器（PLC）、伺服装置、步进装置、变频装置、人机交互装置等的装配方法。
2. 掌握机器人工作站或系统的急停和安全操作规范。

技能目标:

1. 能按照电气装配技术文件要求安装机器人工作站或系统的电气柜、配电盘等。
2. 能根据电气原理图、电气接线图连接电气柜的配电盘线路。
3. 能按照电气接线图要求连接机器人工作站或系统的外部急停回路、安全回路。
4. 能连接机器人工作站或系统的控制电路。

2.1 电气系统装配

2.1.1 机器人工作站常见电气装置的装配

【相关知识】

一、工作站 PLC 设计的基本步骤

在进行 PLC 控制系统设计时,尽管有着不同的被控对象和设计任务,设计内容涉及诸多方面,又需要和大量的现场输入、输出设备相连接,但是基本内容应包括以下几个方面:

1. 明确设计任务和技术条件

设计任务和技术条件一般以设计任务书的方式给出,在设计任务书中,应明确各项设计要求、约束条件及控制方式。因此,设计任务书是整个系统设计的依据。

2. 确定用户输入设备和输出设备

用户的输入、输出设备是 PLC 控制系统中除作为控制器的 PLC 本身以外的硬件设备,是进行机型选择和软件设计的依据。因此,要明确输入设备的类型(如控制按钮、行程开关、操作开关、检测元件、保护器件、传感器等)和数量,输出设备的类型(如信号灯、接触器、继电器等执行元件)和数量,以及由输出设备驱动的负载(如电动机、电磁阀等),并进行分类、汇总。

3. 选择 PLC 的机型

PLC 是整个控制系统的核心部件,正确、合理地选择机型对保证整个系统的技术经济、性能指标起着重要的作用。PLC 的选型应包括机型的选择、存储器容量的选择、I/O 模板的选择等。

4. 分配 I/O 地址,绘制 I/O 接线图

通过对用户输入、输出设备的分析、分类和整理,进行相应的 I/O 地址分配,并据此绘制 I/O 接线图。

至此,基本完成了 PLC 控制系统的硬件设计。

5. 设计控制程序

根据控制任务和所选择的机型以及 I/O 接线图,一般采用梯形图语言设计系统的控制程序。设计控制程序就是设计应用软件,这对保证整个系统安全可靠运行至关重要,必须经过反复调试,使之满足控制要求。

6. 必要时设计非标准设备

在进行设备选型时,应尽量选用标准设备。如无标准设备可选,还可能需要设计操作台、控制柜、模拟显示屏等非标准设备。

7. 编制控制系统的技术文件

在设计任务完成后,要编制系统的技术文件。技术文件一般应包括设计说明书、使用说明书、I/O 接线图和控制程序(如梯形图等)。

想要做好一个机器人集成项目,要注意的可不只是 PLC 部分,还要注意项目中机器人

与 PLC 的信号交互、机器人的调试工艺。如果项目中应用到视觉系统，还要关注视觉系统的通信等。

二、工作站电气控制系统介绍

1. S7-1200 PLC 简介

S7-1200 PLC 使用灵活、功能强大，可用于控制各种各样的设备以满足自动化需求。S7-1200 PLC 结构紧凑、组态灵活且具有功能强大的指令集，这些特点的组合使它成为控制各种应用的完美解决方案。S7-1200 PLC 的 CPU 将诸多元素结合在一个紧凑的外壳中，形成一款功能强大的控制器。

在下载用户程序后，CPU 将包含监控应用中的设备所需的逻辑。CPU 根据用户程序逻辑监视输入并更改输出，用户程序可以包含布尔逻辑、计数、定时、复杂数学运算、运动控制以及与其他智能设备的通信。CPU 提供 PROFINET 端口，用于和 PROFINET 网络通信。CPU 还可使用附加模块基于如下网络和协议进行通信：PROFIBUS、GPRS、LTE、具有安全集成功能（防火墙、VPN）的 WAN、RS-485、RS-232、Modbus 等。S7-1200 PLC 的 CPU 外形如图 2-1 所示。

S7-1200 系列 PLC 提供了各种模块和插入式板，用于通过附加 I/O 或其他通信协议来扩展 CPU 的功能。

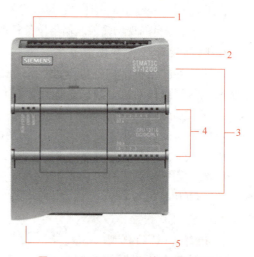

图 2-1　S7-1200 PLC 的 CPU 外形

1—电源接口　2—存储卡插槽（上部保护盖下面）
3—可拆卸用户接线连接器（保护盖下面）
4—板载 I/O 的状态 LED　5—PROFINET
连接器（CPU 的底部）

2. 控制电动机

工业机器人电动伺服系统的一般结构为三个闭环控制，即电流环、速度环和位置环。一般情况下，对于交流伺服驱动器，可通过对其内部功能参数进行人工设定而实现位置控制、速度控制、转矩控制等多种功能。

控制电动机有回转和直线驱动电动机，通过电压、电流、频率（包括指令脉冲）等控制，实现定速、变速驱动或反复起动、停止的增量驱动以及复杂的驱动，而驱动精度随驱动对象的不同而不同。

1）伺服驱动电动机一般是指直流伺服电动机、交流伺服电动机、步进电动机，具体见表 2-1。

表 2-1　伺服驱动电动机

电动机类型	主要特点	构造与工作原理	控制方式
直流伺服电动机	只需接通直流电即可工作，控制特别简单。起动转矩大，体积小，重量轻，转速和转矩容易控制，效率高 需要定时维护和更换电刷，使用寿命短，噪声大	由永磁体（PM）定子、转子、电刷和换向器等构成。通过电刷和换向器使电流方向不断随着转子的转动角度而改变，实现连续旋转运动	转速控制采用电压控制方式，因为控制电压与电动机转速成正比 转矩控制采用电流控制方式，因为控制电流与电动机转矩成正比

（续）

电动机类型	主要特点	构造与工作原理	控制方式
交流伺服电动机	没有电刷和换向器，不需维护，也没有产生火花的危险；驱动电路复杂，价格高	按结构分为同步电动机和异步电动机。转子是由永磁体构成的为同步电动机，转子是由绕组形成的电磁铁构成的为异步电动机。无刷直流电动机的结构与同步电动机相同，特性与直流电动机相同	分为电压控制和频率控制两种方式 异步电动机通常采用电压控制方式
步进电动机	直接用数字信号进行控制，与计算机的接口比较容易连接；没有电刷，维护方便、寿命长；起动、停止、正转、反转容易控制。步进电动机的缺点是能量转换效率低、易失步等	按产生转矩的方式可分为永磁(PM)式、反应(VR)式和混合(HB)式步进电动机由前后端盖、轴承、中心轴、转子铁心、定子铁心、定子组件、波纹垫圈等部分构成。步进电动机根据外来的控制脉冲和方向信号，通过其内部的逻辑电路，控制步进电动机的绕组以一定的时序正向或反向通电，使得电动机正向/反向旋转或者锁定	单相励磁：精度高，但易失步 双相励磁：输出转矩大，转子过冲小，为常用方式，但效率低 单-双相励磁：分辨率高，运转平稳

2）常用伺服控制电动机的控制方式主要有开环控制、半闭环控制和闭环控制三种。

3. 变频器

变频器在工业生产中极其重要，其除了调速、软启动作用外，最重要的是可以节能。变频器功能参数很多，一般都有数十甚至上百个参数供用户选择。实际应用中，多数只要采用出厂设定值即可。但有些参数由于和实际使用情况有很大关系，且有的还相互关联，因此要根据实际进行设定和调试。变频器的外形如图2-2所示。

a) 西门子变频器

b) 三菱变频器

图2-2 变频器的外形

（1）常用参数设置 常用参数设置见表2-2。

表 2-2 常用参数设置

序号	参数	设置要求
1	加减速时间	1. 加速时间：可以设定电动机从起动频率到运行频率所需的时间 2. 减速时间：可以设定电动机从运行频率到停止所需的时间
2	电动机参数设定	可根据所使用电动机铭牌上的额定电压与额定电流在变频器中设定参数，应与其对应 1. 运转方向：主要用来设定是否禁止反转 2. 停机方式：用来设定是制动停止还是自由停止 3. 电压上下限：根据电动机电压设定电压极限，避免烧坏电动机
3	转矩提升	设定为自动时，可使加速时的电压自动提升以补偿起动转矩，使电动机加速顺利进行；采用手动补偿时，根据负载特性，尤其是负载的起动特性，通过试验可选出较佳曲线
4	频率设定信号增益	当模拟输入信号为最大时（如 10V、5V 或 20mA），求出可输出 V/F 曲线的频率百分数并以此为参数进行设定即可；如外部设定信号为 0～5V，变频器输出频率为 0～50Hz，则将增益信号设定为 200%即可
5	加减速模式选择	一般变频器有线性、非线性和 S 三种曲线，通常大多选择线性曲线；非线性曲线适用于变转矩负载，如风机等；S 曲线适用于恒转矩负载，其加减速变化较为缓慢。设定时可根据负载转矩特性，选择相应曲线
6	频率	设定变频器输出频率的上、下限幅值。这是为防止误操作或外接频率设定信号源出故障，而引起输出频率的过高或过低，以防损坏设备的一种保护功能 1. 面板调速：可以通过面板的按键调节频率 2. 传感器控制：可以通过传感器的电压或电流变化作为信号输入来控制频率 3. 通信输入：通过 PLC 等上位机控制其频率

（2）主电路的接线

1）电源应接到变频器输入端 R、S、T 接线端子上，一定不能接到变频器输出端（U、V、W）上，否则将损坏变频器。接线后，零碎线头必须清除干净。零碎线头可能造成异常、失灵和故障，必须始终保持变频器清洁。在控制台上打孔时，要注意不要使碎片、粉末等进入变频器中。

2）在端子+、PR 间不要连接除建议的制动电阻器选件以外的东西，绝对不要短路。

3）应减少电磁波干扰。变频器输入/输出（主回路）包含有谐波成分，可能干扰变频器附近的通信设备，因此安装选件无线电噪声滤波器（FR-BIF 或 FR-BSF01）或线路噪声滤波器（FR-BLF），使干扰降到最小。

4）长距离布线时，由于受到布线的寄生电容充电电流的影响，会使快速响应电流限制功能降低，导致接于二次侧的仪器误动作而产生故障。因此，最大布线长度要小于规定值。

5）在变频器输出侧不要安装电力电容器、浪涌抑制器和无线电噪声滤波器，否则将导致变频器故障或电力电容器和浪涌抑制器的损坏。

6）为使电压降在 2%以内，应使用适当型号的导线接线。变频器和电动机间的接线距离较长时，特别是低频率输出情况下，会由于主电路电缆的电压下降而导致电动机的转矩下降。

7）运行后，改变接线的操作，必须在电源切断 10min 以上，用万用表检查电压后进行。这是因为断电后一段时间内，电容上仍然有危险的高压电。

(3) 控制电路的接线

1) 控制电路端子的接线应使用屏蔽线或双绞线，而且必须与主回路、强电回路（含200V继电器程序回路）分开布线。

2) 由于控制电路的频率输入信号是微小电流，所以在接点输入的场合，为了防止接触不良，微小信号接点应使用两个并联的接点或使用双生接点。

3) 控制电路的接线一般选用 $0.3\sim0.75\text{mm}^2$ 的电缆。

(4) 地线的接线

1) 由于在变频器内有漏电流，为了防止触电，变频器和电动机必须接地。

2) 变频器接地要用专用接地端子。接地线的连接要使用镀锡处理的压接端子。拧紧螺钉时，注意不要将螺纹弄坏。

3) 镀锡中不要含铅。

4) 接地电缆尽量用较粗的线径，必须大于或等于标准规定；接地点尽量靠近变频器，接地线越短越好。

4. 组态软件

常用 MCGS 嵌入版组态软件是昆仑通态公司专门为 MCGSTPC 开发的组态软件，主要完成现场数据的采集与监测、前端数据的处理与控制。MCGS 嵌入版组态软件与相关的硬件设备结合，可以快速、方便地开发各种用于现场采集、数据处理和控制的设备，如可以灵活监控各种智能仪表、数据采集模块、无纸记录仪、无人值守的现场采集站、人机界面等专用设备。图 2-3 所示为 TPC7062TX 触摸屏的外观。

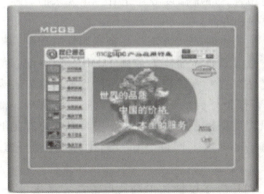

图 2-3　TPC7062TX 触摸屏的外观

(1) MCGS 嵌入版组态软件的主要功能

1) 简单灵活的可视化操作界面。采用全中文、可视化的开发界面。

2) 实时性强，有良好的并行处理性能。它是真正的 32 位系统，以线程为单位对任务进行分时并行处理。

3) 丰富、生动的多媒体画面。以图像、图符、报表、曲线等多种形式，为操作员及时提供相关信息。

4）完善的安全机制。提供了良好的安全机制，可以为多个不同级别用户设定不同的操作权限。

5）强大的网络功能。具有强大的网络通信功能。

6）多样化的报警功能。提供多种不同的报警方式，具有丰富的报警类型，方便用户进行报警设置。

7）支持多种硬件设备。

总之，MCGS 嵌入版组态软件具有与通用组态软件一样强大的功能，并且操作简单、易学易用。

（2）软件的下载和系统设置

1）软件下载。MCGS 嵌入版组态软件可到昆仑通态官网（www.mcgs.cn）下载安装。

2）软件启动。使用 24V 直流电源给触摸屏供电，开机启动后屏幕出现"正在启动"提示进度条，此时不需要任何操作，系统将自动进入工程运行界面。

3）系统维护。触摸屏开机启动后屏幕出现"正在启动"提示进度条时，点击任意位置，可进入"启动属性"对话框，点击"系统维护"，进入"系统维护"对话框，点击"设置系统参数"即可进行系统参数设置。

4）工程建立和下载　参考其官方网站（www.mcgs.cn）的产品使用手册。

【技能操作】

一、PLC 的安装注意事项

1. PLC 的安装

PLC 适用于大多数工业现场，但它对使用场合、环境温度等还是有一定要求的。控制 PLC 的工作环境，可以有效地提高它的工作效率和寿命。

小型 PLC 外壳的 4 个角上，均有安装孔。它有两种安装方法：一种是用螺钉固定，不同的单元有不同的安装尺寸；另一种是 DIN（德国工业标准）轨道固定。DIN 轨道配套使用的安装夹板，左右各一对。在轨道上，先装好左右夹板，装上 PLC，然后拧紧螺钉。为了使控制系统工作可靠，通常把 PLC 安装在有保护外壳的控制柜中，以防止受灰尘、油污、水溅影响。为了保证 PLC 在工作状态下其温度保持在规定范围内，安装机器应有足够的通风空间，基本单元和扩展单元之间要有 30mm 以上间隔。如果周围环境温度超过 55℃，要安装电风扇强制通风。

为了避免受到其他外围设备的电磁干扰，PLC 应尽可能远离高压电源线和高压设备，与高压设备和电源线之间应留出至少 200mm 的距离。

当 PLC 垂直安装时，要严防导线头、铁屑等从通风窗掉入 PLC 内部，造成印制电路板短路，使其不能正常工作甚至永久损坏。

2. 电源接线

PLC 供电一般采用 220V±10% 的交流电或 24V 直流电。FX 系列 PLC 有直流 24V 输出接线端，该接线端可为输入传感器（如光电开关或接近开关）提供直流 24V 电压。

如果电源发生故障，中断时间少于 10ms，PLC 工作不受影响。若电源中断超过 10ms 或电源下降超过允许值，则 PLC 停止工作，所有的输出点均同时断开。当电源恢复时，若

RUN 输入接通，则操作自动进行。

对于电源线带来的干扰，PLC 本身具有足够的抵制能力。如果电源干扰特别严重，可以安装一个变比为 1∶1 的隔离变压器，以减少设备与地之间的干扰。

3. 接地

良好的接地是保证 PLC 正常工作的重要条件，可以避免偶然发生的电压冲击危害。接地线与机器的接地端相接，基本单元接地。如果要用扩展单元，其接地点应与基本单元的接地点接在一起。为了抑制加在电源及输入端、输出端的干扰，应给 PLC 接上专用地线，接地点应与动力设备（如电动机）的接地点分开。若达不到这种要求，也必须做到与其他设备公用接地，禁止与其他设备串联接地。接地点应尽可能接近 PLC。

4. 直流 24V 接线端

使用无源触点的输入器件时，PLC 内部 24V 电源通过输入器件向输入端提供每点 7mA 的电流。

PLC 上的 24V 接线端子，还可以向外部传感器（如接近开关或光电开关）提供电流。24V 端子作传感器电源时，COM 端子是直流 24V 地端。如果采用扩展单元，则应将基本单元和扩展单元的 24V 端连接起来。另外，任何外部电源不能接到这个端子。

5. 输入接线

PLC 一般接收行程开关、限位开关等输入的开关量信号。输入接线端子是 PLC 与外部传感器负载转换信号的端口。输入接线一般是指外部传感器与输入端口的接线。

输入器件可以是任何无源的触点或集电极开路的 NPN 型晶体管。输入器件接通时，输入端接通，输入线路闭合，同时输入指示的 LED 亮。

输入端的一次电路与二次电路之间，采用光电耦合隔离。二次电路带 RC 滤波器，以防止由于输入触点抖动或从输入线路串入的电噪声引起 PLC 误动作。

若在输入触点电路串联二极管，二极管上的电压应小于 4V。若使用带 LED 的舌簧开关，串联二极管的数目不能超过两只。

6. 输出接线

1）PLC 有继电器输出、晶闸管输出、晶体管输出三种形式。

2）输出端接线分为独立输出和公共输出。当 PLC 的输出继电器或晶闸管动作时，同一号码的两个输出端接通。在不同组中，可采用不同类型和电压等级的输出电压，但在同一组中的输出只能用同一类型、同一电压等级的电源。

3）由于 PLC 的输出元件被封装在印制电路板上，并且连接至端子板，若将连接输出元件的负载短路，将烧毁印制电路板，因此应用熔丝保护输出元件。

4）采用继电器输出时，承受的感性负载大小影响到继电器的工作寿命，因此继电器工作寿命要长。

5）PLC 的输出负载可能产生噪声干扰，因此要采取措施加以控制。

此外，对于能对用户造成伤害的危险负载，除了在控制程序中加以考虑之外，还应设计外部紧急停机电路，使得 PLC 发生故障时，能将引起伤害的负载电源切断。交流输出线和直流输出线不要用同一条电缆，输出线应尽量远离高压线和动力线，避免并行。

二、伺服系统

伺服系统包括伺服驱动器和伺服电动机。伺服驱动器利用精密的反馈结合高速数字信号处理器（DSP），控制绝缘栅双极晶体管（IGBT）产生精确的电流输出，用来驱动三相永磁同步交流伺服电动机实现精确调速和定位等功能。设备接地不良可能会造成触电、火灾或设备损坏。

正确安装伺服驱动器，首先要阅读机器说明书，其安装方法如下：

1) 室内安装，要求无水、无粉尘、无腐蚀气体、通风良好。

2) 垂直安装，即安装到金属的底板上。

3) 尽可能在控制柜内另外安装通风风扇。

4) 伺服驱动器与电焊机、放电加工设备等使用同一路电源，或在伺服驱动器附近使用高频干扰设备，应采用隔离变压器和有源滤波器。

5) 将伺服驱动器安装在干燥且通风良好的场所。

6) 尽量避免受到振动或撞击。

7) 尽一切可能防止金属粉尘及铁屑进入伺服驱动器内。

8) 安装时请确认伺服驱动器固定，不易松动脱落。

9) 接线端子必须带有绝缘保护。

10) 在断开伺服驱动器电源后，必须间隔 10s 后方能再次给驱动器通电，否则频繁的通断电会导致伺服驱动器损坏。

11) 在断开伺服驱动器电源后 1min 内，禁止用手直接接触伺服驱动器的接线端子，否则将会有触电的危险。

12) 当在一个机箱内安装多个伺服驱动器时，为了伺服驱动器的良好散热，避免相互间电磁干扰，建议在机箱内采用强制风冷。

三、步进电动机的安装注意事项

1. 步进电动机在有油和水场合中的注意事项

1) 步进电动机可以用在会受水或油滴侵袭的场所，但是它不是全防水或防油的。因此，步进电动机不应当放置或使用在水中或油浸环境中。

2) 如果步进电动机连接到一个减速齿轮，使用步进电动机时应当加油封，以防止减速齿轮的油进入步进电动机。

3) 步进电动机的电缆不要浸没在油或水中。

2. 步进电动机电缆的注意事项

1) 确保电缆不因外部弯曲力或自身重量而受到力矩或垂直负荷，尤其是在电缆出口处或连接处。

2) 在步进电动机移动的情况下，应把电缆（就是随电动机配置的那根）牢固地固定到一个静止的部分（相对电动机），并且应当用一个装在电缆支座里的附加电缆来延长它，这样弯曲应力可以减到最小。

3) 电缆的弯头半径做到尽可能大。

3. 步进电动机轴端负载的注意事项

1) 确保在安装和运转时加到步进电动机轴上的径向和轴向负载控制在每种型号的规

定值以内。

2）在安装一个刚性联轴器时要格外小心，特别是过度弯曲的负载可能导致轴端和轴承的损坏或磨损。

3）最好用柔性联轴器，以便使径向负载低于允许值，此物是专为高机械强度的步进电动机设计的。

4）关于允许轴负载，请参阅"允许的轴负荷表"（见使用说明书）。

4. 步进电动机轴端的注意事项

1）在安装/拆卸耦合部件到步进电动机轴端时，不要用锤子直接敲打轴端。若用锤子直接敲打轴端，步进电动机轴另一端的编码器会被敲坏。

2）使轴端对齐到最佳状态（对不好可能导致振动或轴承损坏）。

四、变频器的安装注意事项

随着工业自动化程度的不断提高，变频器也得到了非常广泛的应用。变频器在安装使用的时候需要注意以下事项：

1）安装前阅读机器说明书。

2）安装牢固。

3）安装留有足够间隙。

4）通风状况良好。

5）环境温度在-10~45℃。

6）接线安装牢固。

7）线号清晰明了。

8）线缆粗细符合标准。

9）线缆绝缘。

10）接地。

在注意以上几点的同时，还需要注意选择合适的搬运和安装工具，保证变频器的正常安全运行，避免人身伤害。安装人员必须采取机械防护措施保护人身安全，如穿防砸鞋、穿工作服等。搬运安装过程中要保证变频器不遭受到物理性冲击和振动。搬运时不要只握住前盖板，以免造成盖板脱落。必须安装在儿童和其他公众难以接触的场所。要防止螺钉、电缆及其他导电物体掉入变频器内部。变频器运行时泄漏电流可能超过 3.5mA，务必采用可靠接地并保证接地电阻小于 10Ω，且接地导体的导电性能和相线导体的导电能力相同（采用相同的截面积）。R、S、T 为电源输入端，U、V、W 为输出到电动机端，请正确连接输入动力电缆和电动机电缆，否则会损坏变频器。

五、触摸屏的安装注意事项

触摸屏的接线端口如图 2-4 所示。触摸屏电源一般是 24V 供电。COM 接口提供 RS-232 和 RS-485 接口，实现与外部设备的连接、选装、通信。LAN（RJ45）端口可以实现以太网（Ethernet）的连接、通信。USB1 端口用于备份实时数据库的数据。USB2 端口通过下载线与计算机连接，下载工程。

电源线安装注意事项：

1）将 24V 电源线剥线后插入电源插头接线端子中。

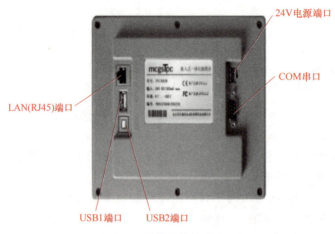

图 2-4 触摸屏的接线端口

2）使用一字螺丝刀将电源插头螺钉锁紧。

3）将电源插头插入产品的电源插座。

4）采用直径为 1.02mm（18AWG）的电源线。

2.1.2 机器人工作站的急停和安全操作规范

【相关知识】

一、机器人系统的停止机制

机器人系统可以配备各种各样的安全保护装置，如门互锁开关、安全光栅、护栏安全门锁等。在机器人运行程序时，断开护栏安全门锁可以使机器人停止，以保证人员的安全。ABB 机器人提供的安全回路有如下 4 种：

1. ES 回路

一旦触发 ES（Emer Stop，紧急停止）回路，无论机器人在何种运行模式下，都会立即停止，且在报警没有确认（松开急停，上电按钮上电）的情况下，机器人是无法启动继续运行的。ES 回路建议只有在紧急情况下再去使用，不正确使用会影响机器人的使用寿命。

2. AS 回路

AS（Auto Stop，自动停止）回路只有在机器人自动运行模式下才会起作用。AS 回路常用于在机器人自动运行时监控其附属安全装置的状态，如护栏安全门锁、安全光幕等。

3. GS 回路

GS（General Stop，常规停止）回路在机器人的所有运行模式下都有效。只要触发 GS 回路，机器人就无法上电，所以它一般很少使用。

4. SS 回路

SS（Superior Stop，上级停止）回路主要用于与外部设备（如安全 PLC）进行连接，在机器人任何运行模式下都有效。它也一般很少使用。

二、机器人的安全操作规范

机器人与其他机械设备的要求通常不同，如它的大运动范围、快速的操作、手臂的快速运动等，这些都会存在安全隐患。整个机器人的最大运动范围内均具有潜在的危险性。一些操作人员对机器人的认知不够，可能会造成对机器人的损坏或威胁到人身安全。阅读和理解使用说明书及相关的文件，并遵循各种规程，保证机器人和操作人员的安全。

参与机器人工作的所有人员（安全管理员、安装人员、操作人员和维修人员等），必须时刻树立安全第一的思想，以确保所有工作人员的人身安全。

1. 安全装置

1）安全开关。在地面上铺设光电开关或垫片开关，以便当操作人员进入机器人工作范围内时，机器人发出警报或鸣笛并停止工作，以确保机器人安全。

2）安全标志。在安全防护栏外张贴"远离作业区"等指示牌。备用工具以及类似的器材应摆放在防护栏以外，散乱的工具不要遗留在机器人或控制柜周围。

2. 操作安全注意事项

（1）操作人员的安全注意事项

1）设备操作人员必须经过设备生产商的专业培训，并通过机器人初级培训（及初级以上）考核后上岗。

2）操作人员必须穿戴相关劳保用品，如安全鞋、安全帽等。

3）按照一定的规章制度来操作机器人：

① 检查设备：在确保机器人固定于底座后，检查控制柜和本体的电缆是否完好。

② 确认无人：确保在机器人的运动范围以内没有人员在内。

③ 急停装置：机器人运动之前确保控制柜和本体上的急停装置安全有效。

④ 回零操作：机器人自动运行前，确保机器人能够准确回零。

⑤ 手动移动：机器人自动运行前，先对每个轴进行试运行，查看是否有异常。

⑥ 自动运行：再次确认机器人运动范围内是否有人员在内，是否有其他物体干涉。

⑦ 问题处理：一旦机器人出现异常或有人员入内，应立即按下急停装置。

⑧ 问题汇报：如遇到其他问题，可联系销售将故障位置照片信息等反馈给厂家。

4）事故出现的原因：

① 干涉（占45%）：位于机器人运动范围内的操作人员，注意了一台机器人，而忽视了另一台正在运转。

② 速度（占22%）：机器人的运动速度突然从低速变成了高速。

③ 操作（占19%）：电气调试人员在接线时，他人打开了电气总闸。

④ 程序（占14%）：程序编辑错误或运行了不对应的工装的程序。

（2）机器人的安全注意事项

选择一个区域安装机器人，并确认此区域足够大，以确保装有工具的机器人转动时不会碰到墙、安全围栏或控制柜，否则可能会引起设备的损坏。机器人安装和配线的具体要求根据专业人士或说明书内容认定。在计划性的安装中，制定易行的措施来保证安全性。安装场所安全区域示意图如图2-5所示。

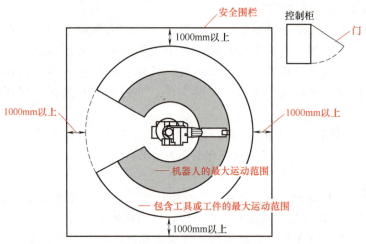

图2-5 安装场所安全区域示意图

严禁强制搬动机器人的轴,不允许使用工具敲打、撞击机器人。

严禁倚靠在控制柜上,不要随意按动操作键,在操作期间严禁非工作人员触动控制柜。

（3）线缆的安全注意事项

1）在进行控制柜与机器人、外部设备间的配线及配管时需采取防护措施,如将管、线或电缆从坑内穿过或加保护盖予以遮盖,以免被人踩坏或被叉车碾压而造成损坏。

2）操作者和其他人员可能会被明线、电缆或管路绊住而将其损坏,从而会造成机器人的非正常动作,以致引起人身伤害或设备损坏。

（4）运输的安全注意事项

1）吊车、吊具或叉车应由经授权的人员进行操作,否则可能会造成人身伤害和设备损坏。

2）在用吊车运输机器人时,需要使钢丝绳与定位装置垂直吊起,否则可能会引起机器人向下倾翻从而造成设备损坏。

3）在起吊前请检查钢丝绳是否破损或生锈,尽量选择保养良好的钢丝绳来作业;还要确认钢丝绳足够坚韧,必须能承受机器人的重量（控制柜约重100kg,机器人本体约重150kg）。在使用叉车运输机器人控制柜时,需要注意勿将上壳翘起,以防导致损坏。

注意事项:

① 确认有足够的空间来维修机器人、控制柜和其他外围设备,并应由厂家或专业人员进行维修,严禁私自对机器人系统进行拆卸。

② 机器人所有轴都可以通过设定的软件限位开关来限制机器人轴的运动范围。软件限位开关仅用作机械防护装置,并设定为机器人不会撞到机械终端限位上。

【技能操作】

一、ES回路与AS回路的接线方法

最常用的ES回路与AS回路的接线方法如图2-6所示。

图 2-6　最常用的 ES 回路与 AS 回路的接线方法

1. ES 回路

将安全面板的 X1 与 X2 的 3 脚与 4 脚的连接断开，或将安全面板的 XS7 与 XS8 的 1 脚与 2 脚的连接断开，机器人就会进入紧急停止状态。ES1 与 ES2 要分别单独接入无源常闭触点。ES1 与 ES2 要同时使用。

2. AS 回路

将安全面板的 X5 的 5 脚与 6 脚、11 脚与 12 脚的连接断开，或将安全面板的 XS9 的 5 脚与 6 脚、11 脚与 12 脚的连接断开，机器人就会进入自动停止状态。AS1 与 AS2 要分别单独接入无源常闭触点。AS1 与 AS2 要同时使用。

二、机器人系统急停的恢复方法

工业机器人紧急停止后，需要进行一些恢复操作，才能使工业机器人恢复到正常的工作状态。

在紧急停止工业机器人后，工业机器人停止的位置可能会处于空旷区域，也有可能被堵在障碍物中间。如果工业机器人处于空旷区域，可以选择手动操作工业机器人移动到安全的位置。如果机器人被堵在障碍物中间，在障碍物容易移动的情况下，可以直接移动周围的障碍物，再手动操作机器人运动至安全位置。

如果周围障碍物不容易移动，也很难通过手动操作机器人到达安全位置，那么可以选择按下松开抱闸按钮，手动操作机器人运动到安全位置，具体操作方法如下：一人先托住机器人（见图 2-7），另一人按下控制柜上的松开抱闸按钮（见图 2-8），电动机抱死状态解

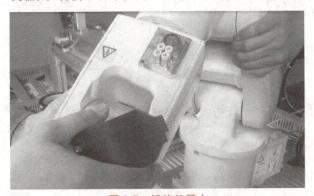

图 2-7　托住机器人

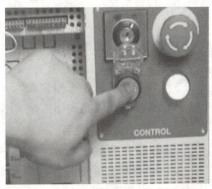

图 2-8　按下控制柜上的松开抱闸按钮

除后，托住机器人移动到安全位置后松开松开抱闸按钮。然后松开急停按钮，按下上电按钮，机器人系统恢复到正常工作状态。

2.2 电气系统功能检查与调试

2.2.1 机器人电气系统短路、接地及相关检测点的检查

【相关知识】

一、常见电气故障

机器人电气系统常见的故障是短路、开路及接地故障。

1. 电路短路

电路短路分为电源短路和负载短路。

1）电源短路。电源没有通过任何负载，其两端用导线直接或间接相连，称为短路。电源短路是很危险的，容易造成电源烧毁甚至火灾。

2）负载短路。可以简单地说成拿一根导线把负载两端连接起来，电流通过导线，没有电流通过负载，负载不工作，视为短路。

2. 开路

开路是指电路中两点间无电流通过或阻抗值（或电阻值）非常大的导体连接时的电路状态。开路时负载不能正常工作。

3. 接地故障

接地故障是指电源或负载与金属设备外壳构成短路，称为接地故障。

二、电气故障原因分析

1. 导致电路短路的可能原因

1）连接错误，例如相线与中性线短接。

2）线路老化或绝缘被破坏。

3）元件损坏或有设计缺陷。

4）人为过失，例如使用万用表时表笔短接，使相线与中性线短接。

5）接地故障。

2. 导致电路开路的可能原因

1）导线接线端或连接点松脱。

2）线路受损。

3）导线受机械外力损伤而断开。

4）导线与所供负荷不匹配，长期过负荷损坏绝缘造成短路烧断而断路。

三、电气故障的危害

1. 电路中短路的危害

1）电路发生短路时，电流比较大，容易烧坏线路、电器及电源，严重时可能导致火灾。

2）造成低电压，使电气设备无法正常工作。

3）造成停电事故。例如短路时使熔断器熔断或断路器跳闸，从而造成停电事故。

4）对附近的信号系统、通信线路及电子设备等产生电磁干扰，使之无法正常运行，甚至引起误动作。

5）影响系统稳定。严重的短路可使并列运行的发电动机组异步，影响电力系统的稳定运行。

2. 电路中开路的危害

电路中的开路将造成设备断电，甚至造成停电事故。

四、机器人常见电气故障分析及解决办法

机器人常见电气故障分析及解决办法见表2-3。

表2-3 机器人常见电气故障分析及解决办法

序号	故障现象	原因分析	解决办法
1	机器人开关经常跳闸或者不能合闸	1. 开关老化 2. 开关选型不对 3. 电动机内部短路 4. 线路老化、短路、线径过小或者断相	将控制系统的电源关掉，然后用兆欧表测量电动机，检查电路的三相是否有短路或接地现象（测量时注意：要把变频器输出端拆下来，以免测试时把变频器输出模块烧坏）。用手转动电动机看看是否有卡死。必要时更换开关
2	机器人接触器噪声大	很可能是由于接触器的衔铁接触面不平造成，如表面有沙或生锈。后果是造成断相，最后导致接触器、开关、变频器等元器件烧坏	将控制该接触器的负载开关打下，手动快速开关接触器，经反复多次后如果响声还没有消除，需将接触器拆下再将衔铁磨平，或者更换新的接触器
3	机器人热继电器经常动作	1. 电动机过载 2. 选型是否匹配 3. 线路是否老化, 主线线径是否过小	看电动机与热继电器的选型是否匹配。检查电动机，确保电动机正常，还有此现象则需要更换新的电动机。更换新的相匹配的主线
4	机器人接触器或中间继电器吸合不正常	1. 线圈断路 2. 触头损坏	检查线路，更换新的触头
5	机器人变频器经常报故障	1. 参数设置不正确 2. 变频器老化 3. 电动机过载 4. 断相 5. 线路松动	先将变频器复位，如果短时间内重新发生相同的故障，则说明变频器不能继续工作。将变频器产生的故障代码记录下来，对照说明书将故障解决，将电路全部紧固一次，测量三相电流，看看是否平衡。若是供电电源断相造成变频器输入端烧坏，或是变频器老化，则需更换变频器

【技能操作】

一、工作站主电路短路的检测

1）在断电情况下，打开数字万用表，将旋钮转到蜂鸣器档。

2）根据工作站主电路电气图样，检测线路相线和中性线之间接线是否出现短路，如出现短路，万用表蜂鸣器会持续发出响声，同时指示灯亮起。

3）发现短路现象后，检查短路原因，如图2-9所示。

二、工作站控制电路短路的检测

1）在断电情况下，打开数字万用表，将旋钮转到蜂鸣器档。

2）检测直流24V和0V之间的接线有没有短路，如出现短路，万用表蜂鸣器会持续发出响声，同时指示灯亮起。

3）发现短路现象后，检查接线端子是否出现短接，如图2-10所示。

图2-9 工作站主电路短路的检测

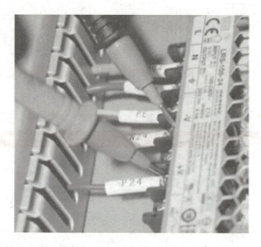

图2-10 工作站控制电路短路的检测

三、工作站电路开路的检测

在断电情况下，用手轻轻拽动接线端子，查看端子是否压牢（即是否有松动现象），如有松动则用螺丝刀拧紧，如图2-11所示。

四、工作站主电路电压的检测

1）打开万用表，将旋钮转到交流电压档。

2）将万用表两表笔放在两个要测试的端子上，读取电压值。

3）如果读取的电压值和被测的电压误差不大，则电路交流电压正常；如果误差较大，则应该检查电路。

五、工作站辅助电压的检测

1）打开万用表，将旋钮转到直流电压档。

2）将万用表两表笔放在两个要测试的端子上，读取电压值（注意正负）。

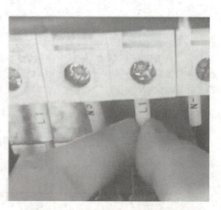

图2-11 工作站电路开路的检测

3）如果读取的电压值和被测的电压误差不大，则电路直流电压正常；如果数值为负数，则说明表笔正负接反。

六、电气部件检查调试记录单的填写

1. 日常维护

按照表2-4进行日常维护。

表 2-4　日常维护

维护设备	维护项目	维护时间	备注
控制柜	检查控制柜的门是否关好	每天	
	检查密封构件部分有无缝隙和损坏	每月	
急停按钮	动作确认	每天	接通伺服时
安全开关	动作确认	每天	示教模式时

2. 供电电源电压的确认

用万用表交流电压档检测控制柜进线断路器（QF0）上的 L1、L2、L3、N 进线端子部位，确认供电电源电压是否正常，将检测电压数值填入表 2-5。

表 2-5　电压的测定

测定项目	端子	正常数值
相间电压	L1-L2/L2-L3/L3-L1	(0.85~1.1)×标称电压（AC 380V）
与保护地线之间的电压	L1-PE/L2-PE/L3-PE	(0.85~1.1)×标称电压（AC 220V）

3. 断相检查

按照表 2-6 进行检查。

表 2-6　断相检查

检查项目	检查内容
检查电缆线的配线	确认电源连接是否正确，若有配线错误及断线时，请及时处理
检查输入电源	用万用表检查相间电压
检查断路器是否损坏	用万用表检查断路器进线端和出线端及相间电压是否正常

4. 其他检查项目

根据实际情况进行检查和填写。

2.2.2　传感器的测试

【相关知识】

机器人是由计算机控制的复杂机器，在工作时可不依赖人操纵。传感器在机器人的控制中起着非常重要的作用，使机器人具备了类似人类的知觉功能和反应能力。

一、机器人传感器的分类

机器人传感器分为内部传感器和外部传感器两种。

（1）内部传感器　这种传感器安装在机器人自身中，用来感知它自己的状态，以调整并控制机器人的行动，通常由位置、速度、角度传感器（即 9 轴姿态传感器）组成。

（2）外部传感器　这类传感用于检测环境、目标的状态和特征，使机器人和环境发生交互作用，从而具备自校正和自适应能力。

内部传感器相对简单且容易理解，因此不再赘述，下面详细介绍一下外部传感器。

二、外部传感器的分类

1. 触觉传感器

触觉是接触、冲击、压迫等机械刺激感觉的综合,可以用来进行机器人抓取,利用触觉可进一步感知物体的形状、软硬等物理性质。触觉传感器包含接触觉、滑觉和压觉传感器,如图2-12所示。

图2-12 触觉传感器

2. 视觉传感器

机器人工作时通过视觉传感器获取环境的二维图像,并通过视觉处理器进行分析和解释,进而转换为符号,让机器人能够识别物体,并确定其位置及各种状态。常用的视觉传感器为光电转换器件、位置灵敏探测器(PSD)、CCD图像传感器、CMOS图像传感器等,如图2-13所示。

3. 力觉传感器

力觉是指对机器人的指、肢和关节等运动中所受力的感知,主要包括腕力觉、关节力觉和支座力觉等。力觉传感器可通过检测弹性体变形来间接测量所受力,如图2-14所示。

图2-13 视觉传感器

图2-14 力觉传感器

4. 接近传感器

接近传感器的主要作用是在接触对象之前获得必要的信息,用来探测在一定距离范围内是否有物体接近、物体的接近距离和对象的表面形状及倾斜等状态,主要用于对物体的抓取和躲避,如超声波测距传感器、红外测距传感器等,如图2-15所示。

5. 听觉传感器

听觉传感器主要是指传声器或传声器阵列。机器人通过此传感器能够辨别外部声源方向，并且能够识别人类交流的语言，和人类互动并产生相应的肢体动作。它的关键技术是语音识别技术。

6. 其他传感器

除以上介绍的外部传感器外，还可根据机器人特殊用途安装味觉传感器、电磁波传感器等，这些机器人主要用于科学研究、海洋资源探测、食品分析、救火等特殊场景。

图 2-15　接近传感器

三、机器人传感器的具体应用场合

机器人传感器的具体应用场合见表 2-7。

表 2-7　机器人传感器的具体应用场合

分类	传感器	检测内容	检测器件	应用
内部传感器	位置	规定位置、规定角度	限位开关、光电开关	规定位置检测、规定角度检测
		位置移动、角度变化	电位器、直线感应同步器、角度电位器、光电编码器	位置移动检测、角度变化检测
	速度	速度	测速发电机、增量式码盘	速度检测
	加速度	加速度	压电式加速度传感器、压阻式加速度传感器	加速度检测
外部传感器	触觉	接触把握力、荷重分布压力、多元力	限制开关、应变计、弹簧变位测量器、导电橡胶	动作顺序控制、把握力控制、张力控制、姿势控制、装配力控制

【技能操作】

传感器的故障检测

一、征兆判断

推断可能发生故障的部位。

二、故障码检测

确认被怀疑的传感器是否有故障码，并查阅技术手册确认故障原因。

三、传感器周围检查

为防止不是因为传感器本身故障而导致的传感器误判，要首先对怀疑的传感器部位进行外部检查，看是否有短路、断路、脏污、脱开、连线、水泡、腐蚀、氧化、接触不良、传感器变形等情况。

四、外部电压、搭铁及线束导通检查

为防止有源传感器由于没有供给电源而导致不能正常工作，要首先对外部电源进行检查，如果电源和搭铁不正常，则应检查线路。

五、本体检查

主要是外观检查和电阻检查，不用连接外部电路。针对能够进行电阻测量的传感器，如可变电阻式传感器、磁电式传感器，可以直接进行电阻的测量。

六、输出信号检查

输出信号检查主要是将传感器连接到外部经检查已经是正常的线路中，或是额外提高传感器工作条件，来对传感器输出信号进行检查的过程。输出信号检查比电阻检查更前进了一步，这是因为控制单元要接收的是输出的信号，而不是传感器本身的电阻，即使传感器本身电阻正常，输出的信号也不一定正常。因此，不论是有源传感器，还是无源传感器，都可以在模拟工作状况下，进行输出信号检查。需要说明的是，无源传感器必须在正确供给工作电源的情况下，才可以对传感器输出信号进行检查。输出信号的检查可以使用万用表的电压档或电流档进行，但使用万用表对输出信号只能作简单的判断，若要更精确地判断出信号，可以使用示波器来进行检查。

七、检修与更换

对传感器进行以上检查后，可以基本确定传感器的好坏。更换传感器时，要严格按照操作规程操作，切忌蛮干；要关闭电源开关，且不可带电操作，否则容易损坏其他电子部件；安装时要轻拿轻放。

八、清除故障码

检修与更换传感器后，切记要清除故障码并重新试运行，模拟故障出现的状况，如果在试运行过程中故障现象没有重复出现，故障码也没有重新出现，说明判断准确、安装正确，传感器检修操作完成。

2.2.3 机器人工作站常用电气装置的参数设置

【相关知识】

TIA 博途可针对西门子全集成自动化中所涉及的所有自动化和驱动产品进行组态、编程和调试。作为西门子所有软件工程组态包的一个集成组件，TIA 博途平台在所有组态界面间提供高级共享服务，向用户提供统一的导航并确保系统操作的一致性。

一、PLC 的硬件组态

1）新建项目。新建项目操作如图 2-16 所示。

2）添加新设备。这里添加一个 S7-1200 PLC，如图 2-17 所示。

3）根据订货号选择相应的设备，如图 2-18 所示。

4）添加 GSD 文件，如图 2-19 所示。

5）修改 PLC 的 IP 地址，如图 2-20 所示。

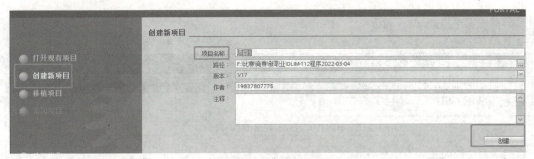

图 2-16　新建项目操作

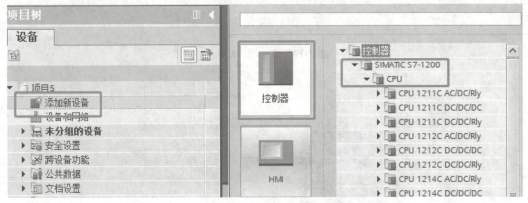

图 2-17　添加新设备

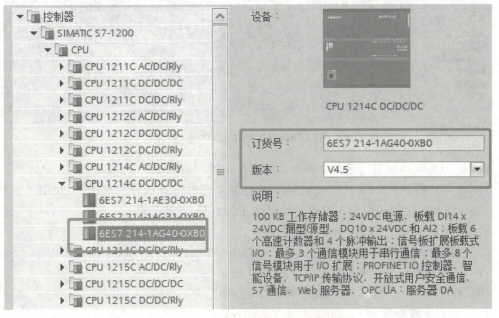

图 2-18　根据订货号选择相应的设备

图 2-19 添加 GSD 文件

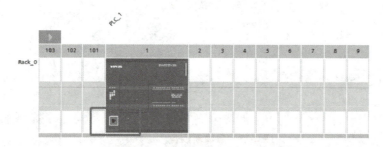

图 2-20 修改 PLC 的 IP 地址

6）在 PLC 属性里启用系统存储器和时钟存储器，如图 2-21 所示。

7）在"防护与安全"→"连接机制"中勾选"允许来自远程对象的 PUT/GET 通信访问"，确保与触摸屏通信时能正常进行数据交互，如图 2-22 所示。

8）进行 I/O 模块组态，如图 2-23 所示。

9）在目录中选择"其它现场设备"→"PROFINETIO"→"I/O"→"HDC"→"SmartLinkIO"→"前端模块"→"FR8210"，如图 2-24 所示。

10）在 FR8210 中添加 DI 模块和 DO 模块，如图 2-25 所示。

11）将 I/O 模块与 PLC 连接，如图 2-26 所示。

12）完成以上设置则硬件组态完成。

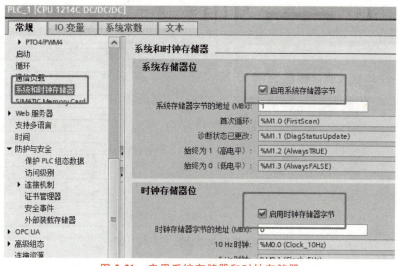

图 2-21　启用系统存储器和时钟存储器

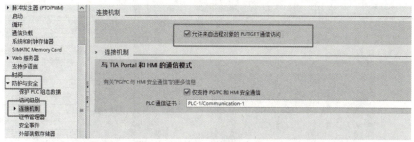

图 2-22　勾选"允许来自远程对象的 PUT/GET 通信访问"

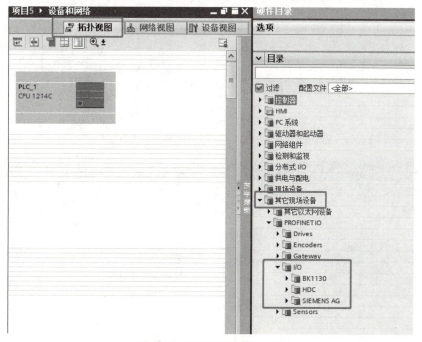

图 2-23　进行 I/O 模块组态

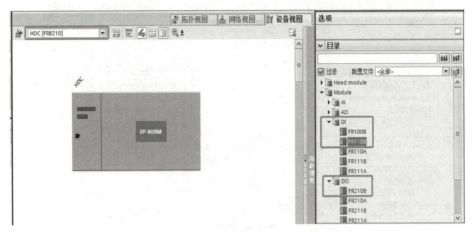

图 2-24 在目录中选择"FR8210"

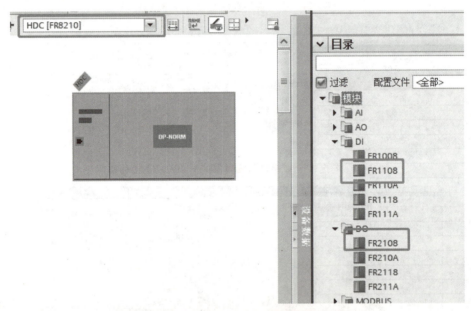

图 2-25 在 FR8210 中添加 DI 模块和 DO 模块

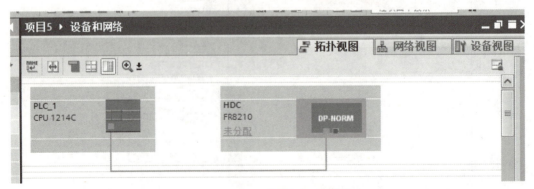

图 2-26 将 I/O 模块与 PLC 连接

二、PLC 程序的编写

1）程序编写。在程序编辑区，调用指令完成程序的编写，如图 2-27 所示。

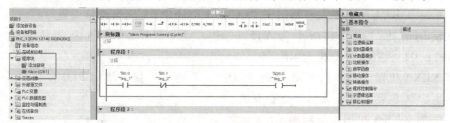

图 2-27　调用指令完成程序的编写

2）查阅指令的使用方法。按〈F1〉键调用信息系统查阅指令的使用方法，如图 2-28 所示。

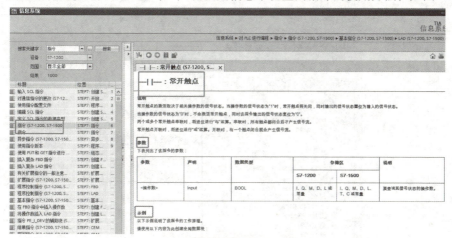

图 2-28　查阅指令的使用方法

3）程序的下载。将编译好的程序下载到 PLC 中，如图 2-29 所示。

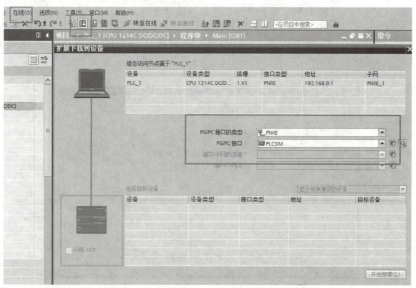

图 2-29　将编译好的程序下载到 PLC 中

【技能操作】

KUKA 机器人与西门子 PLC 的 PROFINET 通信连接设置

本次使用的博途软件的版本为 V15.1，PLC 为 1214C，KUKA 机器人设置软件为 WorkVisual 6.0，机器人控制柜为 KR C5 micro。

实现 KUKA 机器人和西门子 PLC 的 PROFINET 通信连接，使用 PLC 发送一个输出信号，查看 KUKA 机器人的输入信号是否有效。

一、添加 KUKA 机器人控制柜 GSD 文件

1）打开博途软件，创建一个 PLC 项目，然后单击"选项"→"管理通用站描述文件（GSD）"，如图 2-30 所示。

图 2-30 单击"管理通用站描述文件（GSD）"

2）单击"源路径"后面的按钮，去 WorkVisual 6.0 软件的安装目录中寻找 GSD 文件，如图 2-31 所示。

图 2-31 在 WorkVisual 6.0 软件的安装目录中寻找 GSD 文件

3）WorkVisual 6.0 软件的 GSD 文件路径如图 2-32 所示，选中机器人控制柜型号所对应的 GSD 文件，然后单击"确定"。GSD 文件只需安装一次，后续不需要再次安装。

图 2-32　WorkVisual 6.0 软件的 GSD 文件路径

4）选择版本号后，单击"安装"，如图 2-33 所示，等待几秒。

图 2-33　单击"安装"

5）安装完成，单击"关闭"即可，然后等待十几秒进行配置文件更新，如图 2-34 所示。

二、PLC 与机器人的通信组态

1）首先在"设备和网络"的"网络视图"中添加一个 CPU，型号为 1214C，如图 2-35 所示。

2）然后添加 KRC5 设备。打开"网络视图"，在右侧目录中单击"其它现场设备"，选择图示路径下所示型号，然后将选中的 KRC5 设备拖拽至"网络视图"区域中，如图 2-36 所示。

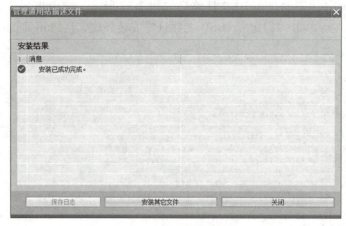

图 2-34 安装完成

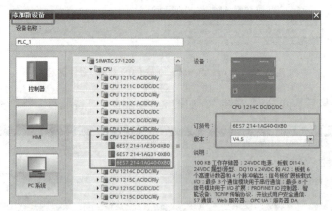

图 2-35 添加 PLC

图 2-36 添加 KRC5 设备

3）右击 KRC5 设备选择"属性",如图 2-37 所示。

图 2-37 右击 KRC5 设备选择"属性"

4）在"子网"下拉列表中选择"PN/IE_1",建立与 PLC 之间的网络连接,在其属性中修改机器人的 IP 地址(与 KUKA 机器人示教器中设置的 IP 地址一致),并修改 PROFINET 设备名称(此必须与 WorkVisual 6.0 软件中设置的 PROFINET 设备名称一致)给机器人分配子网,如图 2-38 所示。

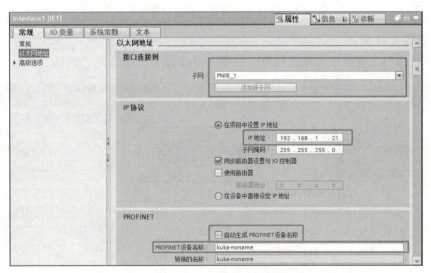

图 2-38 给机器人分配子网

5）单击"网络视图"中的"未分配"字样,然后选择"PLC_1.PROFINET 接口_1",如图 2-39 所示。

6）至此,PLC 与机器人的通信组态就建立完成了,如图 2-40 所示。

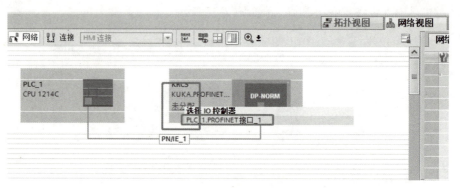

图 2-39 选择 "PLC_1. PROFINET 接口_1"

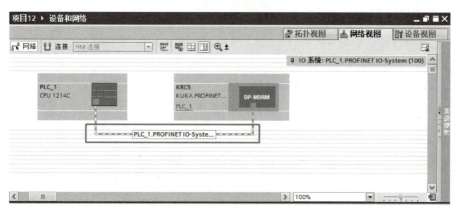

图 2-40 PLC 与机器人的通信组态建立完成

三、设置 I/O 数量

1）双击 KRC5 设备进入设备视图，如图 2-41 所示。

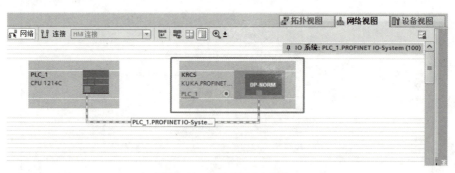

图 2-41 双击 KRC5 设备

2）单击右侧的小三角，弹出"设备概览"，如图 2-42 和图 2-43 所示。

3）先选中"设备概览"中的配置好的 I/O，右击删除，重新配置我们需要的 I/O 数量，如图 2-44 所示。

4）在右侧"硬件目录"中找到本次需要的 16I/16O 拖入插槽 2 中，如图 2-45 所示。

5）I/O 配置完成，如图 2-46 所示。

图 2-42　单击右侧的小三角

模块	...	机架	插槽	I 地址	Q 地址	类型	订货号	固件
KRC5		0	0			KUKA PROFINET 6.0	0x300	V6.0
Interface1		0	0 X1			KRC5		
64 safe digital in-and outpu...		0	1	2...13	2...13	64 safe digital in-a...	KUKADevF64_2.4	
256 digital in-and outputs_1		0	2	14...45	14...45	256 digital in-and ...	KUKA Device IO256	

图 2-43　弹出“设备概览”

模块	...	机架	插槽	I 地址	Q 地址	类型	订货号	固件
KRC5		0	0			KUKA PROFINET 6.0	0x300	V6.0
Interface1		0	0 X1			KRC5		
64 safe digital in-and outpu...		0	1	2...13	2...13	64 safe digital in-a...	KUKADevF64_2.4	
256 digital in-and outputs_1		0	2	14...45	14...45	256 digital in-and ...	KUKA Device IO256	

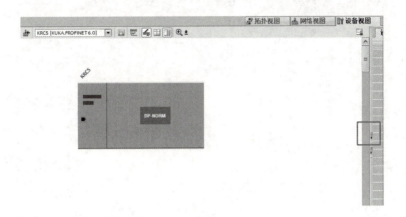

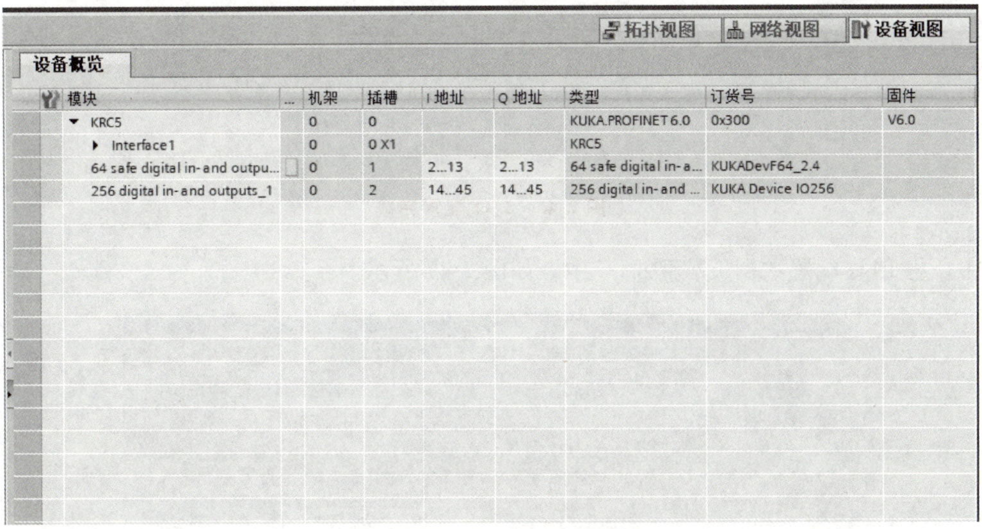

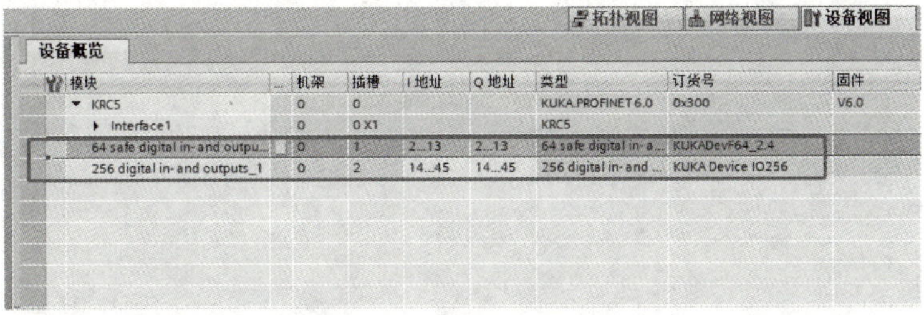

图 2-44　重新配置 I/O 数量

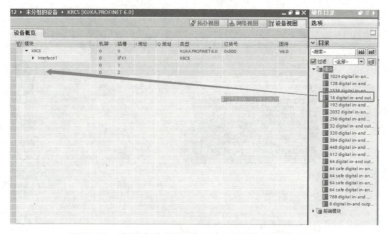

图 2-45　找到本次需要的 16I/16O 拖入插槽 2 中

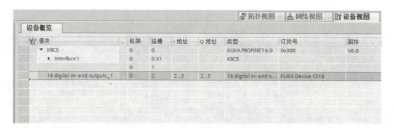

图 2-46　I/O 配置完成

6）将 PLC 配置数据下载到 PLC 中，如图 2-47 所示。

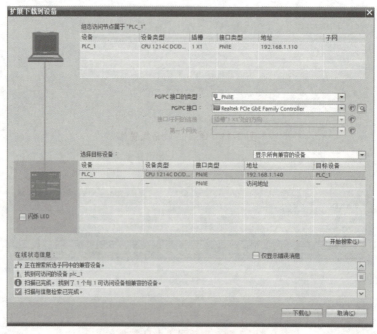

图 2-47　将 PLC 配置数据下载到 PLC 中

至此，PLC 部分配置结束。

四、KUKA 外部轴的配置方法

1）连接控制柜和外部轴的动力线和编码器线，如图 2-48 和图 2-49 所示。

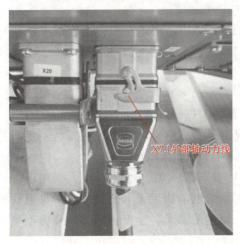

图 2-48 连接外部轴的动力线

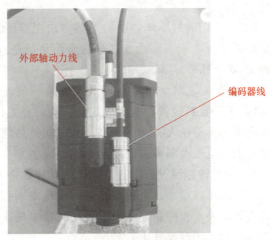

图 2-49 动力线和编码器线

2）连接机器人底部 RDC（Resolver Digital Converter，旋转变压器数字转换器）的编码器线如图 2-50 所示。

3）在 Workvisual 中进行外部轴的添加与配置。

五、步进电动机的驱动参数设置

1. 步进驱动器的关键指标

步进驱动器的关键指标类似机器人三要素：负载、转速和精度。

（1）负载 由步进驱动器上供给的电压决定，电压高，流过的电流大，转矩就大（当电压确定后，可以由步进驱动器上的拨码开关设置对应的电流以调整负载大小）；还和步进电动机的接线方法有关（串联接法时，转矩大，转速低，电动机发热小；并联接法时，转速高，性能好，但是电动机发热大）。

图 2-50 连接机器人底部 RDC 的编码器线

（2）转速 主要由控制器发出的脉冲信号频率决定，但是调整驱动器细分（拨码开关）使得电动机每转一圈脉冲数就发生变化，使得发同样脉冲频率时电动机的转动角度不一样，间接影响了转速。

补充说明：细分的主要目的是减弱或者消除步进电动机的低频振动，提高电动机的运行速度。这只是细分技术的一个附带功能，主要还是通过设置脉冲频率控制转速。

（3）精度 由电动机的步距角和步进驱动器设置细分（拨码开关）决定。

1）步距角。把一种通电状态变为另一种通电状态称为一拍，步进电动机每一拍中转

子转过的角度称为步距角,有

$$步距角 = 360°/(zmk)$$

式中,m 为定子绕组的相数;z 为转子的齿轮数;k 为通电方式,m 相单拍时 $k=1$,m 相双拍时 $k=2$。

2)细分。通过驱动器中的电路方法把步距角减少(步距角越小,控制器精度越高),比如步距角为 1.8°,那么 5 细分后步距角就是 0.36°,原来一圈需要 200 个脉冲,现在则需要 1000 个脉冲。

2. 设置步进驱动的参数,调整负载、转速、精度的要求

1)关于负载设置。电压确定后,拨码开关设置的步进驱动器上的电流不是越大越好,因为电流选择得越大,功率越高,长时间过热情况下运转,电动机容易出故障。一般步进驱动器上的电流差不多为电动机额度电流。

2)关于转速设置。步进电动机的脉冲频率不能太高,一般不超过 2kHz,否则电动机输出的转矩迅速减小,会出现运动丢步现象(控制器给电动机发了 n 个脉冲,步进电动机并没有转动 n 个步距角。一般,电动机转矩偏小、加速度偏大、速度偏高、摩擦力不均匀等都会引起丢步现象发生)。

3)关于细分设置。如果对转速要求高,且对精度和平稳度要求不高,不必选择高细分;如果转速很低,应该选择高细分,以确保运行平滑,减少振动和噪声。

六、MCGS 和西门子 1200 PLC 的通信设置

选用昆仑通态触摸屏,使新建的项目与 PLC 通信,下面以西门子 1200 PLC 为例来说明设置的步骤:

1)打开昆仑通态的组态软件 MCGS,新建一个项目。新建项目的第一步当然是选择要购买的触摸屏的型号,在图 2-51 中标注的地方可以选择触摸屏型号。

2)选择触摸屏型号后单击"确定"即可,在出现的界面里单击"设备窗口",然后单击右侧的"设备组态",如图 2-52 所示。

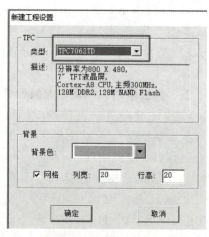

图 2-51 选择触摸屏型号

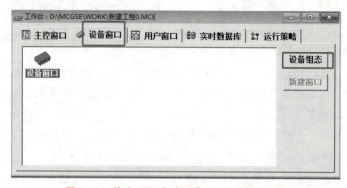

图 2-52 单击"设备窗口"和"设备组态"

3）单击"设备组态"后会出现一个"设备工具箱"窗口，单击"设备管理"，会出现图 2-53 所示"设备管理"界面，其中可以找到各种设备通信用的驱动，这里我们选择西门子 1200 PLC。选择我们需要的 PLC 型号后单击"确定"。

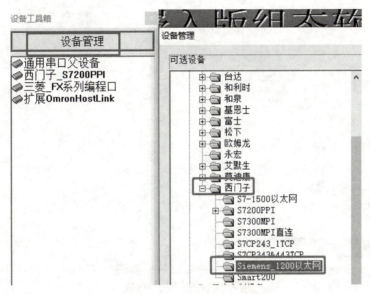

图 2-53　选择的 PLC 型号

4）这样"设备工具箱"窗口中就会出现刚才所增加的设备，双击它即可完成添加，如图 2-54 所示。

5）再打开"设备窗口"就会出现刚才选择的设备，双击打开就可以设置具体的通信内容了，比如西门子 1200 需要设置屏和 PLC 的通信 IP 地址，如图 2-55 所示。

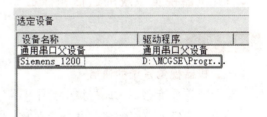

图 2-54　添加所增加的设备

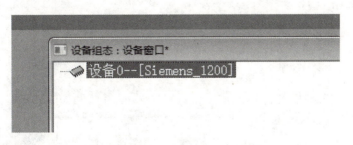

图 2-55　设置屏和 PLC 的通信 IP 地址

6）如图 2-56 所示，左边窗口中的本地 IP 地址就是给触摸屏设置的地址，远端 IP 地址就是需通信的 PLC 的 IP 地址。

至此，就建立完成了昆仑通泰触摸屏就和 PLC 的通信设置。

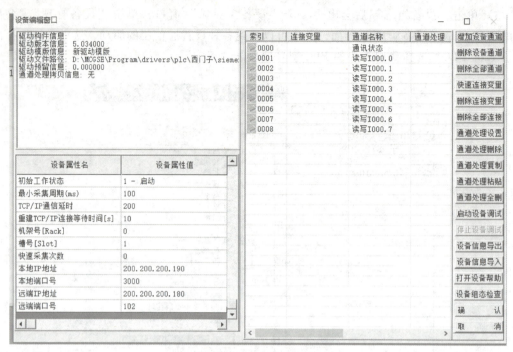

图 2-56 PLC 的 IP 地址

2.2.4 机器视觉系统的通信和标定

【相关知识】

一、机器视觉系统的通信

机器视觉系统想要完成与整个工业机器人工作站的配合，需要从工业机器人或 PLC 中获取信息或者将处理好的信息发送给它们，此时就需要在各种通信介质的基础上通过各种通信协议进行信息传递。工业控制中常用的通信协议有 Modbus 通信协议、串口通信、工业以太网、PROFIBUS-DP 等。

1. Modbus 通信协议

Modbus 协议是应用于电子控制器上的一种通用语言，它是全球工业领域最流行的协议。此协议支持传统的 RS-232、RS-422、RS-485 和以太网设备。

1）主/从原理。主/从原理如图 2-57 所示。

2）Modbus 的 ASCII 通信方式。Modbus 的 ASCII 通信方式如下：

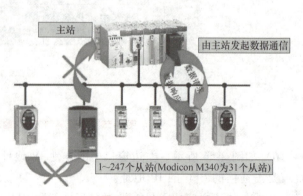

图 2-57 主/从原理

| 起始位 | 地址码 | 功能码 | 数据区 | 校验码 | 停止位 |

地址码：从站的地址（8位）。
功能码：主站发送，告诉从站执行功能（8位）。
数据区：具体数据内容（8的倍数位）。
校验码：纵向冗余校验（LRC）（8位）。
起始位：用":"（3AH）（ASCII 为58）。
停止位：用"CR"（ODH）和"LF"（OHA）。
数据内容由程序编写，所有信息通信均用 ASCII 形式发送和接收。

3）Modbus 的 RTU 通信方式。Modbus 的 RTU（远程终端单元）通信方式如下：

| 起始位 | 地址码 | 功能码 | 数据区 | 校验码 | 停止位 |

地址码、功能码、数据区与 ASCII 通信方式相同。
检验码：循环冗余校验（CRC）（16位）。
起始位：无字符，保持无信号时间大于10ms。
停止位：无字符，保持无信号时间大于10ms。
数据内容由通信程序编写，所有的信息均用十六进制形式发送和接收。

2. 以太网通信协议

以太网指的是基带局域网规范，是当今现有局域网采用的最通用的通信协议标准。以太网络使用 CSMA/CD（带冲突检测的载波监听多路访问）技术，并以 10MB/s 的速率运行在多种类型的电缆上（现在已发展到千兆网）。以太网与 IEEE 802.3 系列标准相类似。

以太网采用 CSMA/CD 机制，以太网中节点都可以看到在网络中发送的所有信息，因此以太网是一种广播网络。

二、机器视觉系统的标定

在图像测量过程以及机器视觉应用中，为确定空间物体表面某点的三维几何位置与其在图像中对应点之间的相互关系，必须建立相机成像的几何模型，这些几何模型的参数就是相机参数。在大多数条件下这些参数必须通过实验与计算才能得到，这个求解参数的过程就称为相机标定（或摄像机标定）。无论是在图像测量或者机器视觉应用中，相机参数的标定都是非常关键的环节，其标定结果的精度及算法的稳定性直接影响相机工作产生结果的准确性。因此，做好相机标定是做好后续工作的前提。

许多视觉系统平台已经将视觉系统的标定方法模块化，使用的时候只需要调用相应模块就可以进行标定。常见的进行视觉系统标定的方法如下：

1. N 点标定

N 点标定是通过 N 个点的像素坐标和物理坐标，实现相机坐标系和执行机构物理坐标系之间的转换，并生成标定文件。N 需要大于或等于4。

在标定转换模块中加载该标定文件后，可实现对被测物体的像素坐标到物理坐标的转换。通常选取9点，即常用的是9点标定法。

2. 标定板标定

标定板标定分为棋盘格和圆两种标定板，这里以棋盘格标定为例进行讲解。输入棋盘格灰度图及棋盘格的规格尺寸参数，软件将计算出图像坐标系与棋盘格物理坐标系之间的映射矩阵、标定误差、标定状态，生成标定文件后即完成标定。此工具会生成一个标定文件，以供标定转换使用。

【技能操作】

基于 VisionMaster 视觉算法平台的通信和标定

一、视觉系统的通信

VisionMaster 视觉算法平台将常用通信协议进行模块封装，供算法结果输出，目前支持接收数据、发送数据、PLC 通信、IO 通信和 Modbus 通信。

1. 接收数据

接收数据模块借助不同媒介进行数据传输，主要用于不同流程之间的数据传输。

1）输入配置：选择输入数据来源。

2）数据源：可选择从数据队列、通信设备或全局变量接收数据。

接收数据源为数据队列或全局变量时，最多可配置 16 个输入，需要提前在"全局变量"和"数据队列"中设置，如图 2-58 和图 2-59 所示。

图 2-58 "全局变量"设置

"通信管理"中可配置 TCP 客户端、TCP 服务端、UDP（用户数据报协议）和串口。当接收的数据来自通信设备时，仅可配置 1 个输入。"通信管理"设置如图 2-60 所示。

3）获取行数：选择接收数据的行数，每个队列最多可以有 256 行。

4）输入数据：设置变量名称用来存储接收的数据。

如图 2-61 所示，变量 var0 接收的数据是 0 数据队列的 queue0。

如图 2-62 所示，示例方案为从全局变量中接收数据并格式化显示。

图 2-59 "数据队列"设置

图 2-60 "通信管理"设置

图 2-61 "接收数据"设置

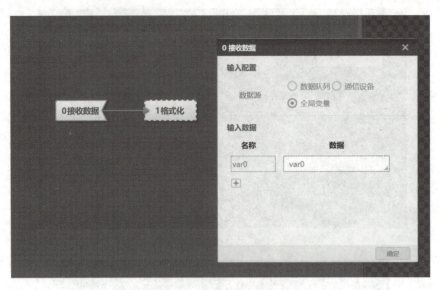

图 2-62 示例接收数据方案

2. 发送数据

可将流程中的数据发送到数据队列、通信设备或全局变量中，如图 2-63 所示。当配置输出至数据队列或全局变量时，最多可配置 16 个输出。当配置输出至通信设备时，仅能配置 1 个输出。

图 2-63 "发送数据"设置

输出配置：选择输出至数据队列、通信设备或全局变量。

发送数据：选择需要发送的数据。

示例中将圆查找得到的半径通过发送数据模块发送至全局变量中，参数设置如图 2-64 所示，运行结果如图 2-65 所示。

图 2-64　参数设置

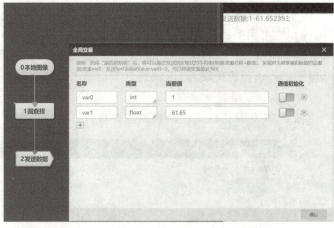

图 2-65　运行结果

3. IO 通信

目前 IO 通信仅支持视觉控制器，当未连接视觉控制器时，该工具模块无法使用。其内部采用串口 COM2 进行通信，若计算机没有 COM2 口或 COM2 口被占用，则模块无法输出。使用该模块前，请按照视觉控制器用户手册对相应的 IO 接口进行正确的接线；使用该模块时，需要设置 IO 的输出接口条件，并配置有效电平和输出类型。视觉控制器可以自由配置电平持续时间，如图 2-66 所示。

图 2-66　"IO 通信"设置

1)输入配置:配置IO1~IO8的输出条件,满足条件时才会有IO信号输出,一般配置为模块状态结果或者条件检测的结果。

2)运行参数:设置控制器类型、输出类型、有效电平以及持续时间。

3)控制器类型:设置使用的控制器型号。

4)持续时间:输出有效电平的时间。

5)有效电平:IO口的输出电平。若设置为低电平有效,则IO口默认电平为高电平。

6)输出类型:设置为"OK时输出"或"NG时输出"。若设置持续时间为500、低电平有效、NG时输出,IO1输出条件选择的模块为NG,则IO1口输出持续时间为500ms的低电平;若选择的模块为OK,则IO1口输出持续时间为500ms的高电平。

4. Modbus通信

标准Modbus协议通信请根据需要自行设置,如图2-67所示。

图2-67 "ModBus通信"设置

1)设备地址:范围为0~247,0默认为广播功能。从站地址实际为1~247。

2)功能码:包括0x03读保持寄存器、0x04读写入寄存器、0x06写单个寄存器和0x10写多个寄存器等。

3)寄存器地址:需要访问的寄存器地址,范围为0~65535。

4)寄存器个数:范围为1~125。

5)主从模式:仅支持主机模式,Modbus通信模块作为客户端。

6)通信设备:可选择串口或TCP客户端,串口和TCP客户端需要在"通信管理"中新建。

7)协议选择:可选择协议有RTU和ASCII。

8)超时时间:范围为1~10000,表示发出数据直到收到返回确认信号的时间,单位为ms。

5. PLC通信

1)输入设置:选择命令类型为读数据或写数据。

2）PLC 类型：选择 PLC 的类型，默认为三菱。

3）通信协议：选择 3E 帧、3C 帧格式 3 或 4C 帧格式 5。

4）报文类型：选择 ASCII 或二进制。

5）软元件类型：选择 X、Y、M 或 D。

6）软元件地址：范围为 0～2047。

7）软元件点数：范围为 0～63。

8）通信方式：可以选择串口、TCP 客户端或 TCP 服务端。选择串口时，可设置串口号、波特率、数据位、检验位、停止位；选择 TCP 客户端时，可设置目标 IP 地址和目标端口；选择 TCP 服务端时，可设置本机 IP 地址和本地端口。

9）通信参数：设置读超时时间和写超时时间。

二、视觉系统的标定

1. N 点标定

具体步骤如下：

1）确定好标定特征（比如圆、图案等）、标定位置和标定步长（即执行机构移动步长）。

2）通过控制执行机构（比如工业机器人）运动至 9 个点，分别采集 9 幅图，并记录下 9 个位置的物理坐标。标定时，物理坐标可采用相对坐标值或者绝对坐标值，因采用相对坐标值可以增加系统的适应性，故推荐采用相对坐标值。

3）分别对 9 幅图进行特征查找，定位出图像坐标。

4）获得的图像坐标和物理坐标形成 9 个坐标点对，然后输入给标定算法组件库进行处理。

N 点标定的操作流程如图 2-68 所示。

图 2-68　N 点标定的操作流程

2. 标定转换

在完成标定后，可通过标定转换模块，实现相机坐标系和工业机器人世界坐标系之间的转换，具体操作如下：在"标定转换"中单击"加载标定文件"，选择标定时保存的标定文件路径加载。其流程如图 2-69 所示。

通过特征匹配模板查找工件在相机坐标系中的位置，加载已保存的标定文件，单击"运行"即可完成操作。标定转换后工件在工业机器人世界坐标系中的位置如图 2-70 所示。

通过外部通信控制相机抓取图片，并利用特征模板等功能来实现被测工件图像像素坐标定位的功能。在标定转换模块中加载已生成的标定文件，把像素坐标装换为工业机器人坐标输出，将工业机器人坐标值格式化，通过外部通信传输给工业机器人单元，完成控制工业机器人的功能。

图 2-69　标定转换流程

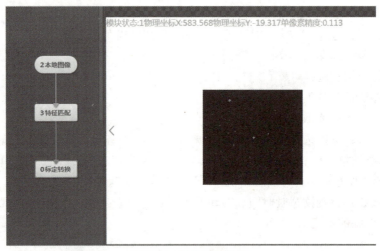

图 2-70 标定转换结果

通常，视觉方案中使用标定文件完成机械臂操作的基本流程如图 2-71 所示。

图 2-71 标定转换实例

2.3 电气系统装调技能训练实例

技能训练1 机器人工作站常见电气装置的装配与设定

一、训练要求

某工业机器人工作站系统配有 PLC、触摸屏、视觉系统、工业机器人等装置，通过电气连接、网络通信，可以使工作站各模块之间实现单机或联机使用。

具体要求：

1. 工业机器人本体及外部工装的安装与调试

按照产品样本的要求，对工业机器人本体进行机械安装及本体与控制柜的电缆连接。电缆连接包括工业机器人控制柜外部输入/输出接口连接线、示教器连接线、电源线、重载连接器连接线，须按照要求正确连接在工业机器人控制系统相对应的接口上。某机器人控制系统的电缆连接如图 2-72 所示。

图 2-72 某机器人控制系统的电缆连接

2. 工业机器人工作站其他外设及工作站控制器的安装与调试

1) 对机器人工作站的外设进行安装、调试和机械、电气常规检查。某机器人工作站电气设备连接实物图如图 2-73 所示。

2) 对工作站控制器进行安装、调试。某机器人工作站传送带装置实物图如图 2-74 所示。

图 2-73　某机器人工作站电气设备连接实物图　　图 2-74　某机器人工作站传送带装置实物图

3) 对工作站的安全设施进行安装、调试和机械、电气常规检查，完成安全光栅、光电传感器的接线与调试，使后续编程时能够实现以下功能：

① 当触发安全光栅时，工业机器人停止运动。

② 光电传感器能够正确感应到工件。

4) 安装、调试完成后，可对工业机器人及工作站周边配套设备进行简单动作的编程。

二、设备及工具清单

设备及工具清单见表 2-8。

表 2-8　设备及工具清单

序号	物品名	规格	数量
1	万用表	自定	1
2	螺丝刀	一字或十字	1
3	内六角扳手	整套	1
4	钳形电流表	自定	1
5	兆欧表	500V	1

三、评分标准

评分标准见表 2-9。

表 2-9　评分标准

序号	主要内容	考核要求	评分标准	配分	扣分	得分
1	仪器仪表的使用	能正确选择仪器仪表对元器件进行检测	1. 不能正确使用仪器仪表，每错一处扣1分 2. 损坏仪器仪表，扣4分	4分		

（续）

序号	主要内容	考核要求	评分标准	配分	扣分	得分
2	工业机器人本体及外部工装的安装接线	1. 控制柜外部输入/输出接口连接线连接 2. 示教器连接线连接 3. 电源线连接 4. 重载连接器连接线连接	未正确连接，每处扣1分	4分		
3	工作站控制器的安装	1. 变频器安装 2. 变频器参数调整 3. 工件传送带装配 4. 安全光栅装配 5. 光电传感器装配	1. 导线选择不正确，每处扣1分 2. 布线不符合要求，每根扣1分 3. 连接点松动、露铜过长、压绝缘层、反圈等，每处扣1分 4. 损伤导线绝缘层或线芯，每处扣1分 5. 漏装或套错号码管，每处扣1分 6. 漏接接地线，扣1分	5分		
4	工作站控制器的功能调试	通电后功能测试	1. 安全门不能正常开关，扣2分 2. 第一次试运行不成功，扣3分 3. 第二次试运行不成功，扣5分	5分		
5	职业素养和安全规范	1. 现场操作安全保护符合安全规范操作流程 2. 劳保鞋、安全手套等安全防护用品穿戴合理 3. 遵守考核纪律，尊重考核人员 4. 爱惜设备器材，保持工作场地整洁	1. 操作不符合安全规范操作流程，但未损坏设备，扣1分 2. 未正确穿戴安全防护用品，扣0.5分 3. 工作场地不整洁，扣0.5分	2分		
			合计	20分		
备注			考评员签字	年 月 日		

四、操作步骤

1）工业机器人本体及外部工装的安装与调试。

2）对机器人工作站的外设进行安装、调试和机械、电气常规检查。

① 正确安装相机通信线、电源线。

② 将视频连接线、通信线、电源线等线缆连接至视觉系统控制器。

3）对工作站控制器进行安装、调试。

① 完成主控 PLC 线路安装。

② 完成传送带控制变频器参数设置。设置完成后，传送带应在 PLC 控制下，以 50Hz 频率定速运行。

③ 正确安装工作站工件传送带装置。

4）对工作站的安全设施进行安装、调试和机械、电气常规检查。某机器人工作站安全光栅装置如图 2-75 所示。

5）上电调试。设备上电，检查各模块是否能正常工作。

6）调试完成后，整理线路。

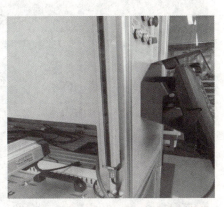

图 2-75　某机器人工作站安全光栅装置

注意事项：

① 确保操作过程中的人身和设备安全。

② 处理工业机器人控制系统运行状态异常问题。

③ 处理工业机器人控制系统安全回路等连接线路问题。

④ 处理周边配套设备电气系统线路问题。

⑤ 处理周边配套设备控制参数问题。

⑥ 更换电气系统元器件。

⑦ 填写电气系统故障处理记录。

技能训练2　工业相机系统的安装与调试

一、训练要求

要求利用机器人准确抓取工件，并移动至相机拍照位置，通过视觉系统对工件进行颜色识别，根据不同颜色完成存放或装配动作，最终完成装配任务。

1. 视觉检测系统的安装及网络系统的连接

1）完成相机、检测支架的安装。

2）完成相机、编程计算机、主控单元、机器人和触摸屏的连接。

2. 视觉处理软件的设定

要求如下：

1）在软件中能够正确、实时查看到现场放置于相机下方工件的图像，要求工件图像清晰，如图 2-76 所示。

2）在海康威视 VisionMaster3.3.0 软件中，设置视觉控制器触发方式及视觉控制器与主控 PLC 的通信。

3）样本学习任务，要求如下：

① 对不同颜色工件逐一进行拍照，获取工件的颜色，将工件的颜色信息正确传递给 PLC。

② 依次手动放置不同颜色工件于拍照区域，在软件中能够得到工件的颜色，并实时显示在触摸屏上，从而验证视觉系统学习的正确性。

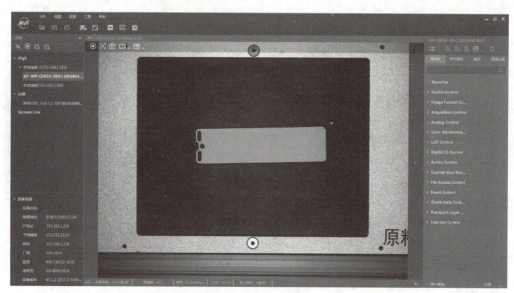

图2-76 某红色工件在软件中的显示图像

二、设备及工具清单

设备及工具清单见表2-10。

表2-10 设备及工具清单

序号	物品名	规格	数量
1	万用表	自定	1
2	螺丝刀	一字或十字	1
3	内六角扳手	整套	1
4	钳形电流表	自定	1
5	兆欧表	500V	1

三、评分标准

评分标准见表2-11。

表2-11 评分标准

序号	主要内容	考核要求	评分标准	配分	扣分	得分
1	仪器仪表的使用	能正确选择仪器仪表对元器件进行检测	1. 不能正确使用仪器仪表，每错一处扣1分 2. 损坏仪器仪表，扣4分	4分		
2	视觉检测系统的安装及网络系统的连接	1. 视频连接线、通信线等线路连接至视觉系统控制器 2. 完成监测支架的安装 3. 完成相机镜头的安装	未正确连接，每处扣2分	6分		

(续)

序号	主要内容	考核要求	评分标准	配分	扣分	得分
3	图像显示	工件的颜色显示:红、黄、蓝、绿	不能正确显示颜色,每处扣2分	8分		
4	职业素养和安全规范	1. 现场操作安全保护符合安全规范操作流程 2. 劳保鞋、安全手套等安全防护用品穿戴合理 3. 遵守考核纪律,尊重考核人员 4. 爱惜设备器材,保持工作场地整洁	1. 操作不符合安全规范操作流程,但未损坏设备,扣1分 2. 未正确穿戴安全防护用品,扣0.5分 3. 工作场地不整洁,扣0.5分	2分		
			合计	20分		
备注			考评员签字		年 月 日	

四、操作步骤

1. 视觉检测系统的安装及网络系统的连接

1) 完成监测支架的安装。

2) 完成相机镜头的安装,如图2-77所示。

3) 完成相机、编程计算机、主控单元、机器人和触摸屏的连接。

① 连接相机的电源线、通信线于正确位置。

② 按照系统网络拓扑图完成系统组网,如图2-78所示。

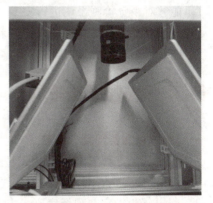

图2-77 某机器人工作站的视觉检测设备

2. 视觉处理软件的测试

打开视觉驱动器中的视觉处理软件,连接和配置相机,通过调整相机镜头焦距及亮度,使智能相机稳定、清晰地摄取图像信号。

3. 图像的标定、样本学习

1) 对图像进行标定,实现相机中出现的尺寸和实际的物理尺寸一致。

2) 对单一工件进行拍照,获取该工件的颜色偏差,利用视觉工具,编写相机视觉程序对工件进行学习。

3) 设置输出参数。设定串行输出参数,将数据输出给PLC或机器人。

4) 依次手动将不同颜色的工件放置于拍照区域,在软件中能够得到和正确显示工件的4种不同颜色。

5) 在编写相机视觉脚本程序时,相机程序中对应工件的通信地址可自行定义。

注意事项如下:

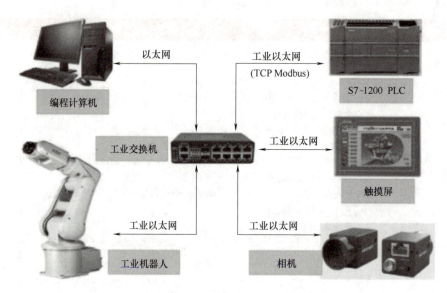

图 2-78　相机与编程计算机的连接示意图

① 确保操作过程中的人身和设备安全。
② 能够对视觉检测系统进行安装，对网络系统进行连接。
③ 能够对视觉处理软件进行设置和编程。
④ 能够根据任务要求对工件进行标定区分。

2.4　技能大师高招绝活

一、电气线路的现场安装布线

1）了解现场是埋管穿线还是走桥架。依照电气线路布置图找到现场各个设备线路终点，检查埋管位置是否对应设备各条线路终点。

2）将电气柜固定在现场底座，多个柜体要并柜安装母线排。现场操作台也要固定。

3）一次回路布线。最好是同样的线缆规格一并布线。有的电工布线时喜欢从设备的头部开始把所有线都一同放线，这样一来就要同时拆开多卷线缆，而且每换一个位置就得几卷线缆一起搬来搬去，容易弄散。建议先拆开一卷某规格线缆，然后从整套设备的首端到末端沿所有要求使用同规格线缆的电器把这条线缆布置好，比如对于现场中使用同规格线缆的电动机风机，我们可以先把这些线缆布置好，然后进行检查，确保没有遗漏，以便对线缆布置图中这一组同规格线缆进行勾记。接着，我们进行下一组同规格线缆的布线，布置完后也依次勾记。这样每次只需拆一个规格的线缆，并且该线缆的所有布线完成后，其剩余线缆就可以入库，并贴上标识卡以便辨识。

4）理清布线的顺序。现场布线最好是先放大线再放小线，先放一次线再放二次线，先放电动机线再放其他负载线，每布完一条线就要做好标牌。先放大线再放小线的好处是在电缆沟或桥架里大线不会压着小线。先放一次线再放二次线的好处是一次线相对较少，可以尽快完成主回路，而且方便进行二次线的干扰处理。

5）关于接线。首先要记录每条线缆里各颜色或编号对应的端子，接完一条记录一条，而且同规格的最好统一，比如所有的电动机线最好统一为黄、绿、红——对应 U、V、W。应该在一次线布完后，要把所有一次线和负载接上，然后再进行二次线的布线。这样的好处是不会混淆，特别是现场布的线路很多的情况下，而且可以让现场看起来清爽很多，不会像先把所有的线缆放完再一条条电缆露在现场那么混乱。而且，按阶段布线并接线，可以让安装工程一个阶段一个阶段地有规律进展，而不是眉毛胡子一把抓。

二、电气线路的调试方法

线路布线完毕，接下来要进行线路调试，以确保没有接线错误。

1）检查线缆有没有连接错误。不要将 A 电动机的线缆接到 B 电动机上，或将 A 风机的电缆接到 B 风机上，特别是穿同一条管的线路。对于控制线路的同一条线缆，要检查电气柜端子排上每个端子对应的颜色或编号是否与现场操作点一一对应，比如某按钮对应的是黄色线，而到了电气柜端子上却接成了绿色线，这些都要仔细检查。还要检查电动机相间有没有短路，有没有与机壳短路，有没有开路，按钮及指示灯线路与端子的接线是否与线路图相符等。

2）调试一次回路。应该逐个电气柜进行调试。比如第一个电气柜是电动机回路，我们可以将开关推上，点动接触器，观察电动机有没有反转，如果反转马上改换接线。然后试第二个电气柜，比如是风机回路，点动接触器观察风机有没有反转。

3）调试所有按钮的信号。现在很多控制系统的按钮都接入 PLC，可以在现场让一人按下某个按钮，另一人在 PLC 前观察相对应的输入指示灯有没有亮，如果不亮，查明原因。将所有问题解决，确保所有按钮信号都已正常，按钮对应的指示灯都能点亮。

4）调试所有主回路的反馈信号。比如第一个电气柜里的所有电动机回路，我们可以一一点动接触器，检查信号有没有反馈给 PLC，如果没有，则检查线路。观察取样信号有没有得到取样，比如对于电流互感器所连接的电流表，用螺丝刀顶住接触器观察电流表有没有电流指示。

5）手动运行变频器、直流调速器，检查电动机有没有问题，减速器有没有异响，电动机编码器有没有反馈。比如要调试 590 直流调速器，可以先做个简单的小按钮盒，设置两个选择开关，一个用来起动，一个用来使能，再设置一个电位器用来给定 0~10V 信号。把这按钮盒接上调速器，然后就可以进行电动机的运转调试，并能在 590 上看到编码器反馈信号。比如某台直流电动机在试调速时马上就报错，这是因为编码器反馈的方向与电动机实际方向相反，而电动机方向确定没错，于是我们把编码器的 A、B 相信号反过来接就正常了。

6）检查所有其他反馈信号的信号源是否能正常将信号反馈给 PLC。比如对于某电器，我们用互感器取样电流信号触发中间继电器，利用中间继电器的常开信号反馈给 PLC，证明这个电器工作了。我们可以用螺丝刀顶住此电器的接触器通电，观察 PLC 相应的输入指示灯有没有亮，以确保反馈信号没有问题。又比如，现场某位置的传感器随着位置的移动反馈不同的电阻值，我们可以移动该位置，让人测量电气柜线路另一端的电阻值是否发生正常变化，以确保该电阻信号正常反馈，排除线路问题造成的反馈错误。

至此，我们基本可以将线路问题一一排除，就可以进行下一步的机器人和 PLC 程序调试了。

复习思考题

1. 简述工作站 PLC 设计的基本步骤。
2. 变频器的常用参数有哪些？
3. PLC 的安装注意事项有哪些？
4. 步进电动机的安装注意事项有哪些？
5. 触摸屏的安装注意事项有哪些？

Chapter 3 项目 3
系统操作与编程调试

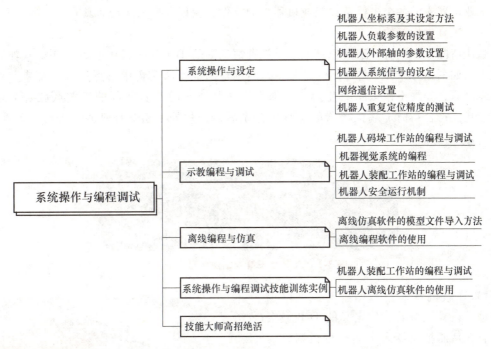

知识目标：

1. 掌握工具、工件坐标系的标定与修改方法。
2. 掌握机器人负载、外部轴、通信等参数的配置方法。
3. 掌握机器人搬运、码垛、焊接等工作站的编程与调试方法。
4. 掌握机器人工作站或系统安全防护机制的设置方法。
5. 掌握离线编程软件的使用方法。

技能目标：

1. 能创建工具、工件坐标系并完成标定。
2. 能设置负载、外部轴、通信等参数。
3. 能完成搬运、码垛、焊接等工作站程序的编制与调试。
4. 能设置机器人工作站或系统的安全防护机制。

5. 能使用离线编程软件创建机器人作业场景、编制运动轨迹并导出机器人离线程序。

3.1 系统操作与设定

3.1.1 机器人坐标系及其设定方法

【相关知识】

工业机器人的各个坐标系在工业机器人的操作、编程和投入运行时具有重要的意义。

一、工具坐标系的意义

默认情况下,没有对工具坐标系进行设置情况下的TCP(工具中心点)在第六轴的法兰盘上,如图3-1所示。此时,机器人姿态的调整围绕着法兰盘中心点进行。安装上末端执行器之后,如果不修改工具坐标系,那么在调整姿态时工具实际的工作点位姿不易掌握。当建立符合当前末端执行器的工具坐标系后,TCP处于工具作业点,如图3-2所示,它具有以下优点:

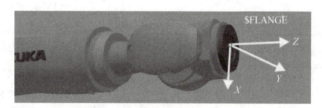

图3-1 TCP处于第六轴法兰盘中心点

1)在做机器人姿态调整时,可以很方便地让机器人绕着我们定义的TCP做空间旋转,从而把机器人末端执行器调整到我们需要的姿态。

2)更换末端执行器时,只要按照第一个末端执行器做工具坐标系的方法,重新标定新的工具坐标系,可不需要重新示教机器人轨迹,即实现轨迹的纠正。

二、工件坐标系的意义

工件坐标系也叫用户坐标系,在KUKA工业机器人中也称为基坐标系,可以完成批量生产过程中的工件路径规划和位

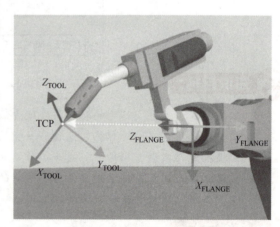

图3-2 TCP处于工具作业点

置发生变化时工件的外表路径规划,为喷漆、上色等工业工艺提供了很大的便利。在斜面上作业时采用工件坐标系,只需要将工件坐标系标定在一个斜面上,则机器人的末端执行器动作就会沿着斜面的角度进行移动,非常方便地解决了斜面作业的困难。位置发生改变的作业也可以使用工件坐标系,只需要重新定义一个工件坐标系,然后将原坐标系和新坐

标系的偏移计算出来，就可以利用原点位进行轨迹的示教。综上所述，工件坐标系的设置常常应用于斜面作业、多个相同工件的重复作业，以及同一工件的不同位置作业等工业场景。

【技能操作】

工具坐标系的建立

一、TCP 测量的 XYZ 参照法

采用 XYZ 参照法时，将对一件新工具与一件已测量过的工具进行比较测量，如图 3-3 所示。机器人控制系统比较法兰位置，并对新工具的 TCP 进行计算。

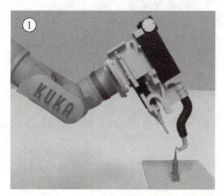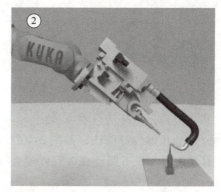

图 3-3　两种不同工具的比较

操作步骤如下：

1）前提条件是，在连接法兰上装有一个已测量过的工具，并且 TCP 的数据已知。
2）在主菜单中选择"投入运行"→"测量"→"工具"→"XYZ 参照"。
3）为新工具指定一个编号和一个名称，用继续键确认。
4）输入已测量工具的 TCP 数据，用继续键确认。
5）将 TCP 移至任意一个参照点，单击"测量"，用继续键确认。
6）将工具撤回，然后拆下，装上新工具。
7）将新工具的 TCP 移至参照点，单击"测量"，用继续键确认。
8）按下保存键，数据被保存，窗口自动关闭。

二、姿态测量的 ABC 2 点法

通过趋近 X 轴上一个点和 XY 平面上一个点的方法，机器人控制系统即可得知工具坐标系的各轴。

当轴方向必须特别精确地确定时，将使用此方法，如图 3-4 所示。

操作步骤如下：

1）前提条件是，TCP 已通过 XYZ 法测定。
2）在主菜单中选择"投入运行"→"测量"→"工具→ABC 2 点"。
3）输入已安装工具的编号，用继续键确认。
4）将 TCP 移至任意一个参照点，单击"测量"，用继续键确认，如图 3-4 中步骤①所示。

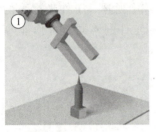
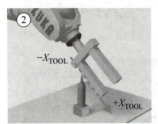
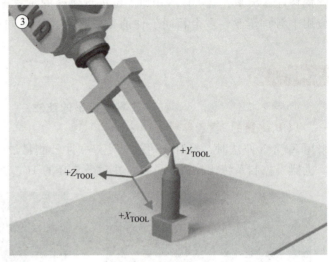

图 3-4 使用 ABC 2 点法进行姿态测量

5)移动工具,使参照点在 X 轴上与一个 X 值为负的点重合(即与作业方向相反),单击"测量",用继续键确认,如图 3-4 中步骤②所示。

6)移动工具,使参照点在 XY 平面上与一个正 Y 向上的点重合,单击"测量",用继续键确认,如图 3-4 中步骤③所示。

7)按下保存键,数据被保存,窗口自动关闭。

3.1.2 机器人负载参数的设置

【相关知识】

一、工具负载数据的概念

工具负载数据是指所有装在机器人法兰上的工具的负载数据。工具是另外装在机器人上并与机器人一起移动的,为使控制系统获得工具信息并在运动中进行补偿,需要在系统中输入的数据有质量、重心位置、质量转动惯量以及所属的主惯性轴。

工具负载数据必须输入机器人控制系统,并分配给正确的工具。另外,如果工具负载数据已经传输到机器人控制系统中,则无须再手工输入。

工具负载数据的可能来源包括软件选项 KUKA.LoadDataDetermination、生产厂商数据、人工计算及 CAD 程序。

二、工具负载数据的影响

输入的工具负载数据会影响许多控制过程,包括控制算法(计算加速度)、速度和加速度监控、力矩监控、碰撞监控、能量监控等,所以正确输入工具负载数据是非常重要的。

当然,如果机器人以正确输入的工具负载数据执行其运动,则可以从它的高精度中受益,使运动过程具有最佳的节拍时间,最终使机器人达到长的使用寿命。

三、监控工具负载

机器人控制系统在运行时监控是否存在过载或欠载,这种监控称为在线负载数据检查

（OLDC），说明如下：当实际负载高于配置的负载时，则存在过载；当实际负载低于配置的负载时，则存在欠载。

除了在线负载数据检查，也可以通过系统变量 $LDC_ RESULR 查询检查结果。

不管是手动输入负载数据，还是单独输入负载数据，都可以激活和配置在线负载数据检查。同时，在输入负载数据时会显示"在线负载数据检查的配置"界面，可激活在线负载数据检查和规定的过载或欠载时的反应，见表3-1。

表3-1 在线负载数据检查

序号	说明
1	TRUE：对于同一窗口中显示的工具，在线负载数据检查激活。在过载或欠载时则出现规定的反应 FALSE：对于同一窗口中显示的工具，在线负载数据检查未激活。在过载或欠载时不出现反应
2	在此可以规定过载时应出现何种反应： ①无：无反应 ②警告：机器人控制系统显示状态信息"在检查机器人负载（工具编号）时测得过载" ③机器人停机：机器人控制系统显示一条内容与警告时相同但须确认的信息，机器人以STOP2停止
3	在此可以规定欠载时应出现何种反应。可能的反应与过载时类似

对于未进行定义的工具所对应的运动，无法配置在线负载数据检查。这种情况发生的反应是固定的，不会受到用户的影响。其反应如下：

1）过载时的反应：停住机器人。

机器人控制系统发出以下确认信息："在检查机器人过载（未定义工具）和设定的载荷负载时测得过载，机器人以STOP2停止。"

2）欠载时的反应：警告。

机器人控制系统发出以下状态信息："在检查机器人负载（未定义工具）和设定的载荷负载时测得欠载。"

四、机器人上的附加负载

1. 附加负载的定义

附加负载是在基座、小臂或大臂上附加安装的功能系统、阀门、上料系统、材料储备等部件，如图3-5中的①、②、③部位所示。

每个附加负载对应的参照系见表3-2。

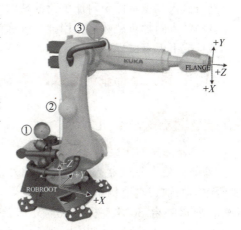

图3-5 机器人的附加负载示意图

表3-2 每个附加负载对应的参照系

序号	负载	参照系
1	附加负载 A1	ROBROOT 坐标系，A1 = 0°
2	附加负载 A2	ROBROOT 坐标系，A2 = −90°
3	附加负载 A3	法兰坐标系，A4 = 0°，A5 = 0°，A6 = 0°

2. 附加负载数据对机器人运动的影响

附加负载数据以不同的方式对机器人运动产生影响,如轨迹规划、加速度、节拍时间、磨损等。因此,对机器人附加负载数据也应当进行准确输入,以确保机器人长期稳定地运行。

【技能操作】

一、输入工具负载数据的操作步骤

1)选择主菜单,依次选择"投入运行"→"测量"→"工具"→"工具负载数据"。
2)在工具编号栏中输入工具的编号,用继续键确认。
3)输入负载数据:
① M 栏:质量。
② X、Y、Z 栏:相对于法兰的中心位置。
③ A、B、C 栏:主惯性轴相对于法兰的取向。
④ JX、JY、JZ 栏:惯性矩。JX 是坐标系绕 X 轴的惯性矩,该坐标系通过 A、B 和 C 相对于法兰转过一定角度。JY 和 JZ 分别是指绕 Y 轴和 Z 轴的惯性矩。
4)用继续键确认。
5)按下保存键保存。

二、输入附加负载数据的操作步骤

1)进入主菜单,依次选择"投入运行"→"测量"→"附加负载数据"。
2)输入其上将固定附加负荷的轴的编号,用确认键确认。
3)输入附加负载数据,用继续键确认。
4)按下保存键保存。

3.1.3 机器人外部轴的参数设置

【相关知识】

一、外部轴的定义

外部轴是指除机器人本体上的轴外,为了工作需要而增加的轴。举个例子,SCARA 机器人的固有轴为 4 轴,所以一台 SCARA 机器人的外部轴应为第 5 轴、第 6 轴等,而 6 轴的 ARTIC 机器人的外部轴则为第 7 轴、第 8 轴等。

二、外部轴目前的主流应用

1. 地轨

将关节机器人安装于地轨上,将地轨作为机器人的第 7 轴,并通过外部轴功能控制地轨来实现关节机器人的长距离移动,可以实现大范围、多工位工作,比如机床行业中的一台手臂对多台机床的取放,以及焊接行业中的大范围焊接切割。地轨如图 3-6 所示。

图 3-6 地轨

2. 翻转台（变位机）

与地轨相比，翻转台独立于机器人本体，通过外部轴的功能控制可以翻转到特定的角度，更加利于手臂对工件的某一个面进行加工，主要应用于焊接、切割、喷涂、热处理等方面。比如在喷涂行业中，通过翻转台翻转180°，实现对工件上下表面的喷涂。翻转台如图3-7所示。

3. 外加伺服设备

运用外部轴的功能控制伺服焊枪等多种外部伺服设备，从而实现手臂更加多的功能。比如在冲压行业中，在关节机器人末端添加一个直线轴，通过外部轴控制直线轴的快速移动，从而大大提高冲床取放的效率，如图3-8所示。

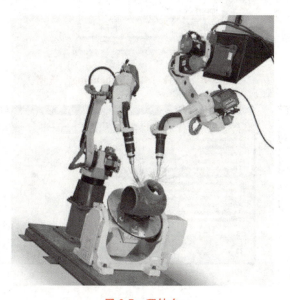

图3-7 翻转台

图3-8 安装有末端直线轴的关节机器人

【技能操作】

机器人外部轴的参数设置操作步骤

1）进入WorkVisual软件，打开或创建一个项目，如图3-9所示。

2）打开菜单栏"文件"菜单，选择"Cataloghanding"选项，如图3-10所示。

接着在弹出的窗口中选择样本文件，如图3-11所示，单击添加按钮添加到主目录框中，如图3-12所示。这样样本导入就完成了。

3）激活项目并将样本添加到项目中，如图3-13所示。

4）在"项目结构"中，选中机器人，单击"编辑器"菜单，选择"机器参数配置"选项，如图3-14所示，之后弹出"机器参数配置"窗口，如图3-15所示，在窗口中输入机器人的各项参数。

5）进入"文件"界面，导入驱动文件。

图 3-9 打开或创建一个项目

图 3-10 选择"Cataloghanding"选项

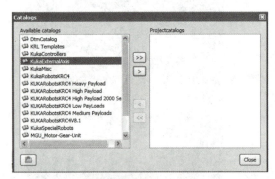

图 3-11 选择样本文件

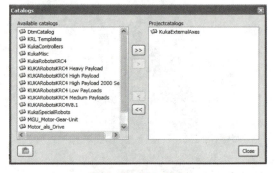

图 3-12 导入样本

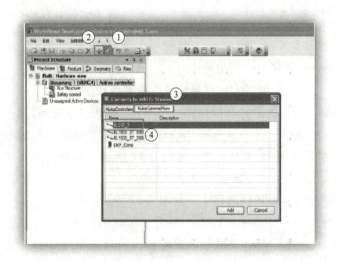

图 3-13 激活项目并将样本添加到项目中

①—激活项目　②—添加样本　③—选择外部轴栏　④—选择需要的外部轴

图 3-14 选择"机器参数配置"选项

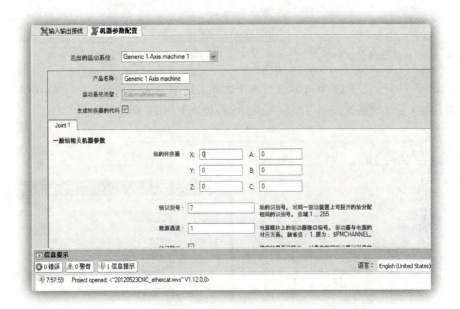

图 3-15 "机器参数配置"窗口

先需要到 C：\ProgramFiles\KUKA\WorkVisual2.4\WaggonDriverConfigurations 文件夹中找到 KPP 的驱动文件：如果是一个外部轴，选择 KPP600-20-1×40（1×64）文件；如果是两个外部轴，选择 KPP600-20-2×40 文件。然后把需要的文件导入到 Mada 目录下。

如果是 PA 的机器人，外部轴通道是连接在 KSP 上的，因此这里需要选择 4Ax_PA_mit_ZA 或者 5Ax_PA_mit_ZA。

然后选中 Mada 文件夹，右击，选择"添加外部文件"选项，如图 3-16 所示，在弹出的"导入外部文件"对话框中选择"KPP600-20-1×40（1×64）"（见图 3-17）并双击打开，选择文件夹中的所需文件，并单击"Open"按钮即可导入外部文件。

6）导入外部轴配置文件。选择"文件"中的 NGAxis 文件夹，右击，选择"添加外部文件"选项，如图 3-18 所示。

图 3-16 选择"添加外部文件"选项　　　图 3-17 "导入外部文件"对话框

7）如图 3-19 所示，选择 NGAxis 文件夹下的相关压缩包文件 CtrlE1.xml、CtrlE1AddFct.xml、E1.xml 等；如果是 2 轴系统，则再添加一次，名称换成 E2 相关即可。

图 3-18 导入外部轴配置文件（一）　　　图 3-19 导入外部轴配置文件（二）

8）在 Mada 文件夹下，选择 SimuAxis 文件夹，找到 CFCore.xml，复制图 3-20 所示的一个块放到最后，然后把通道的值改成 6。如果是 2 轴系统，则再复制一个块，通道的值由 6 改成 7。

9）在 SimuAxis 文件夹下，找到 KRCAxes.xml 模块，复制图 3-21 所示方框中的一个块，把名称的值改成 E1 和 E2。

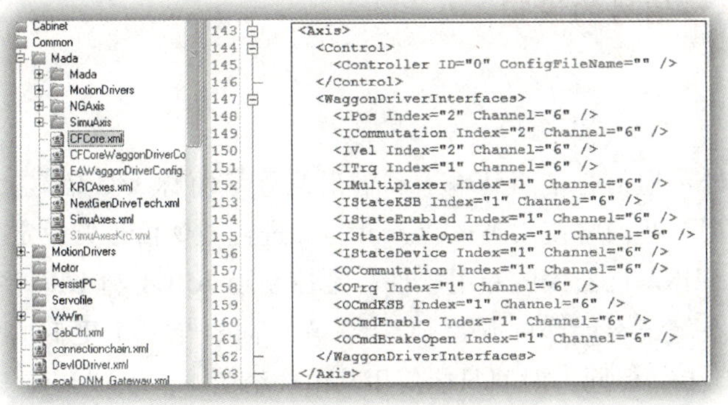

图 3-20 更改 CFCore.xml 模块

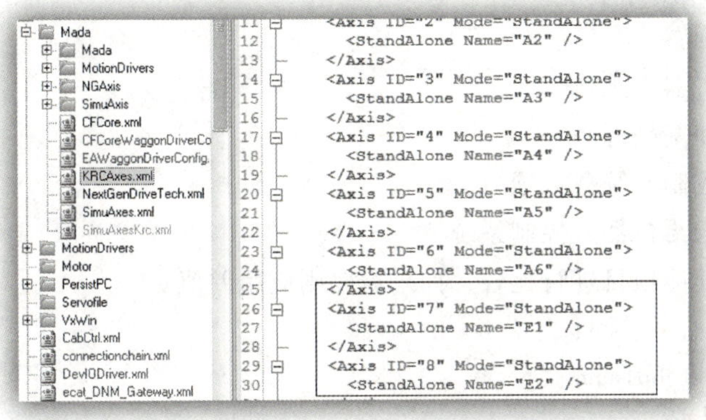

图 3-21 更改 KRCAxes.xml 模块

10）在 SimuAxis 文件夹下，找到 NextGenDriveTech.xml 模式，按图 3-22 所示内容添加第 7 和第 8 轴，名称改成 E1 和 E2。

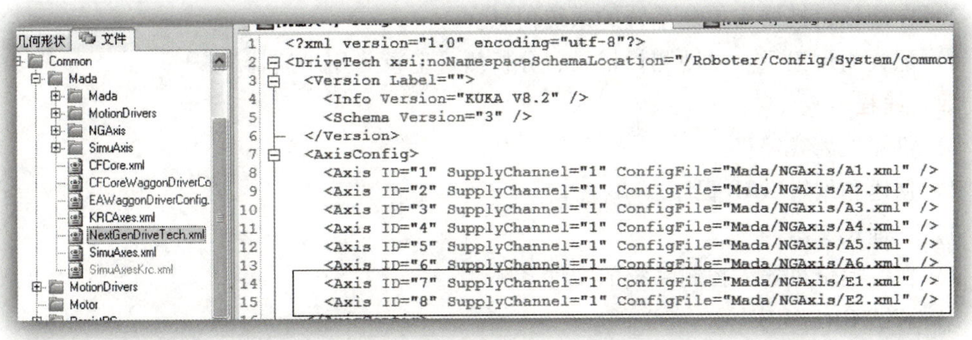

图 3-22 添加第 7 和第 8 轴

11）将项目导入机器人，能在机器人上进行参数的设置。在操作机器人时需注意，应将坐标系调至轴坐标系下。

3.1.4 机器人系统信号的设定

【相关知识】

工业机器人与外部通信时常用到输入和输出信号（简称 I/O 信号），因此须对其进行设定，以更好地使用。我们常使用 WorkVisual 软件进行 I/O 信号的设定。

WorkVisual 是 KUKA 机器人的专用软件，是控制柜 KRC4 和 KRC5 控制的机器人单元的工程环境，安装在笔记本计算机或者 PC 上。它可同时与一个更低的版本一起安装在笔记本计算机或者 PC 上，但同一时间只能使用其中一个版本。WorkVisual 具备以下功能：

一、项目配置

1）架构并连接现场总线。

2）配置机器参数。

3）编辑安全配置。

4）在线定义机器人工作单元。

5）编辑工具和基坐标系。

6）从机器人控制系统载入项目。

7）将项目传送给机器人控制系统。

8）将项目与其他项目进行比较，如果需要则应用差值。

9）合并项目、检测项目。

10）离线配置 RoboTeam。

二、软件包管理

1）管理备选软件包。

2）创建、管理并通过网络分配更新包。

三、诊断

1）诊断功能。

2）在线显示机器人控制系统的系统信息。

3）配置测量记录、启动测量记录、分析测量记录（用示波器）。

四、编程

1）机器人离线编程。

2）创建和编辑 KRL 程序。

3）管理长文本。

4）在线编辑机器人控制系统的文件系统。

5）调试 KRL 程序。

【技能操作】

一、配置数字输入信号

首先将机器人与计算机连接，然后打开总线结构，可以查看到 EBus 下有 EL1809 和

EL2809（EL1809 提供 16 通道的数字输入，EL2809 提供 16 通道的数字输出），如图 3-23 所示。如果在 EBus 下未找到 EL1809 和 EL2809，选中 EBus，右击，选择"添加"选项，即出现 DTM 选择界面，找到 EL1809 和 EL2809 并单击"OK"，添加到 EBus 下即可。

然后单击按键栏中的"打开接线编辑器"图标打开接线编辑器，如图 3-24 所示。单击 A 区的"数字输入端"，再单击 B 区的"EL1809"，就会出现 C 区（断开）和 D 区（连接）。在 D 区内如有箭头为灰色，就表示本组信号没有连接，需选中本组信号，右击，然后单击"连接"，成功连接后它就会显示在 C 区。

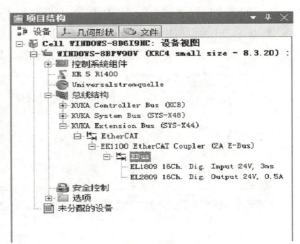

图 3-23 查看 EBus

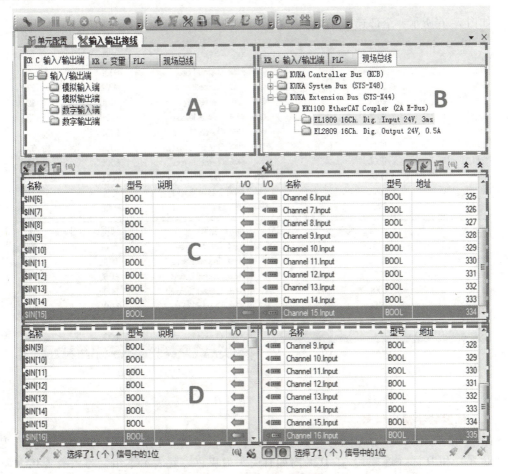

图 3-24 打开接线编辑器

左端的 KR C 数字输入端有 4096 个（$IN［1］～$IN［4096］），右端的 EL1809 数字输入端有 16 个（Channel1. Input～Channel16. Input），根据实际要求，通过鼠标右键的快捷菜单中的"连接"选项，将对应的输入端连接起来，如图 3-25 所示。

图 3-25 连接输入端

如图 3-26 所示，全部连接完成后，在连接完成区可以检查配置成功的 I/O 信号。

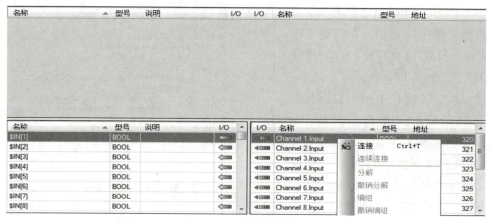

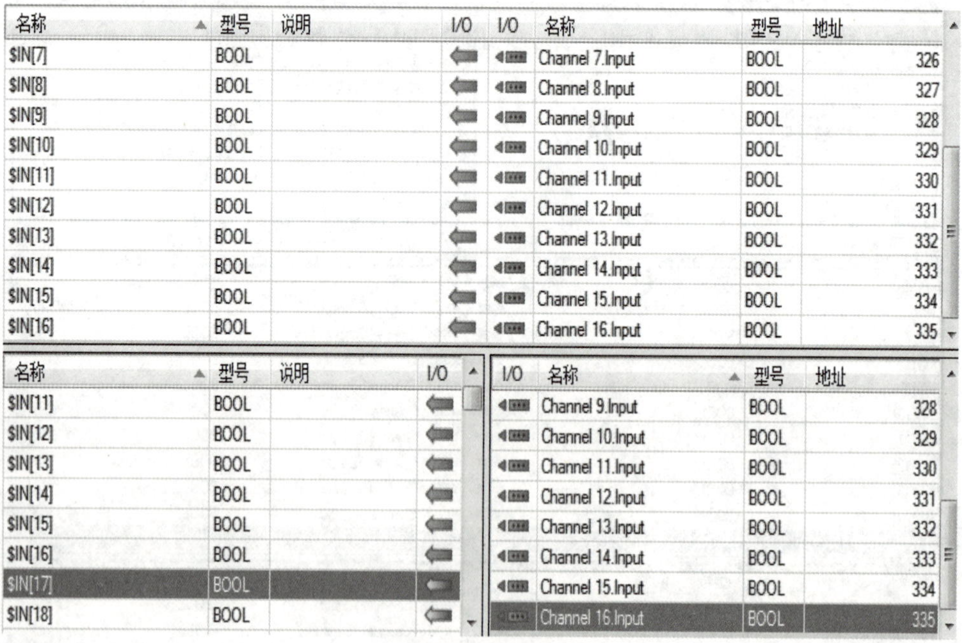

图 3-26 配置成功的 I/O 信号

二、配置数字输出信号

如图 3-27 所示，单击 A 区的"数字输出端"，再单击 B 区的"EL2809"，就会出现 C 区（断开）和 D 区（连接）。在 D 区内如有箭头为灰色，就表示本组信号没有连接，需选中本组信号，右击，然后单击"连接"，成功连接后它就会显示在 C 区。

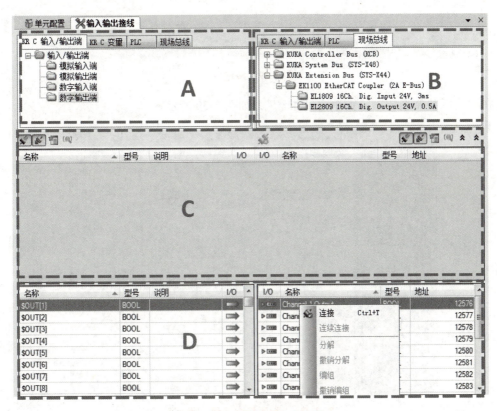

图 3-27 配置数字输出信号

如图 3-28 所示,左端的 KR C 数字输出端有 4096 个($OUT[1]~$OUT[4096]),右端的 EL2809 数字输出端有 16 个(Channel 1.Output~Channel 16.Output),根据实际要求,通过鼠标右键的快捷菜单中的"连接"选项,将对应的输出端连接起来。

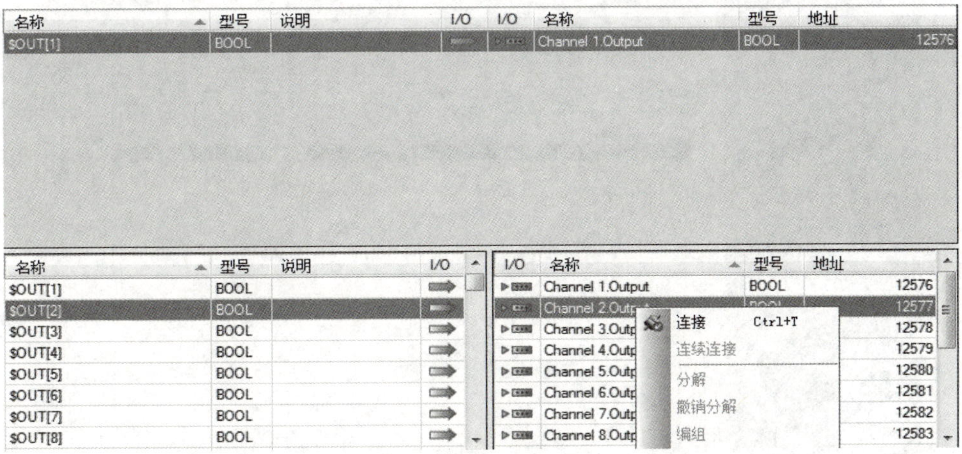

图 3-28 连接输出端

输入输出都配置成功后,单击按键栏上的"安装"图标,如图 3-29 所示。

图 3-29 按键栏

在"指派控制系统"界面单击"继续",如图 3-30 所示。

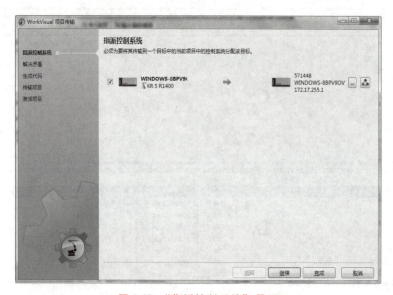

图 3-30 "指派控制系统"界面

单击"继续"传输项目,如图 3-31 所示。

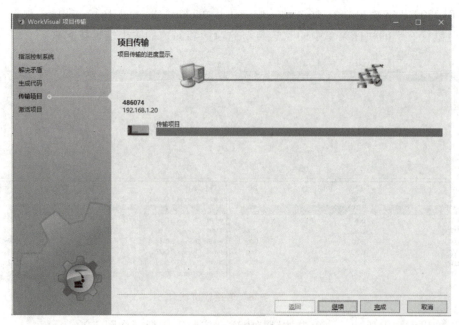

图 3-31 "项目传输"界面

期待用户激活项目，如图3-32所示。

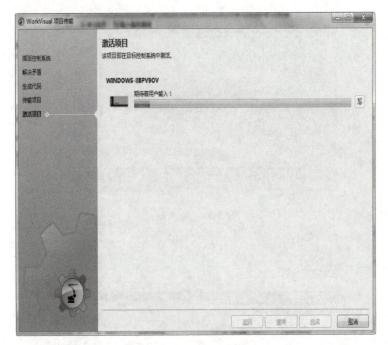

图3-32　期待用户激活项目

在KUKA SmartPAD上单击"是"激活项目，如图3-33所示，等待进度条完成后，I/O信号配置完成。

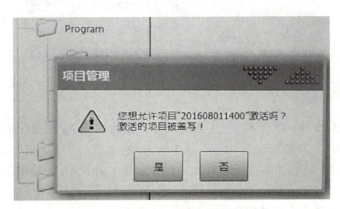

图3-33　激活项目

三、I/O信号的监控与操作

1）在主菜单中选择"显示"→"输入/输出端"→"数字输入/输出端"。

2）显示某一特定输入端/输出端的操作步骤：

① 单击按键"至"，即显示栏目"至："。

② 输入编号，然后用回车键确认。

③ 显示将跳至带此编号的输入/输出端，如图3-34和图3-35所示。

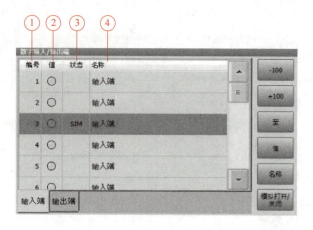

图 3-34 输入端

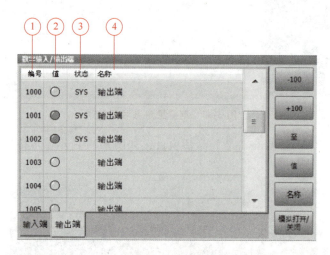

图 3-35 输出端

图 3-34 和图 3-35 中，①为输入/输出端编号；②为输入/输出端数值，如果一个输入或输出端值为 TRUE，则被标记为绿色；③为输入/输出端的状态，SIM 表示已模拟输入/输出端，SYS 表示输入/输出端的值储存在系统变量中，且此输入/输出端已写保护；④为输入/输出端名称。

输入/输出显示栏右方按键的含义如下：

a)"-100"：在显示中切换到之前的 100 个输入或输出端。

b)"+100"：在显示中切换到之后的 100 个输入或输出端。

c)"至"：可输入需搜索的输入或输出端编号。

d)"值"：将选中的输出端的值在 TRUE 和 FALSE 之间转换，使用的前提条件是确认开关已按下。在 AUT EXT（外部自动运行）方式下无此按键可用，且在模拟接通时它才能用于输入端。

e)"名称"：选中的输入或输出端名称可更改。

3.1.5 网络通信设置

【相关知识】

工业机器人在实际项目中常应用在各种生产线、装配线及复合型设备等上,如汽车组装生产线、工业电气产品生产线、食品生产线等。机器人单机的各种搬运、码垛、焊接、喷涂等动作轨迹都编程调试好后,还经常要配合生产线上的其他动作,它经常仅是完成了整个工作站上的某几个或某些动作,要想完成全部的动作,还需要与 PLC 配合一起控制完成。这就需要用到 PLC 与工业机器人之间的信号通信,即双方交换传输信号,PLC 什么时候让机器人去动作,以及机器人完成动作后通知 PLC 等。通过这样的交互通信,机器人即可作为整个工作站上的"一员",和工作站上的其他机构完成整个生产任务。

机器人在和 PLC 或者上位机通信时,通常采用以下几种通信方式:

一、现场总线

现场总线是一种应用于生产现场,在现场设备之间、现场设备和控制装置之间实行双向、串行、多结点的数字通信技术,它主要解决工业现场的智能化仪器仪表、控制器、执行机构等现场设备间的数字通信,以及这些现场控制设备和高级控制系统之间的信息传递问题。现场总线具有简单、可靠、经济实用等一系列突出的优点。

二、物理 I/O 通信

机器人通常都具备 I/O 板卡,可用于接收传感器信号、控制中间继电器,也可利用此板卡与 PLC 等控制设备进行通信。这种通信方式使用简单、易于操作,但是由于 I/O 板卡通道数量有限,仅限进行较少数据量的通信。

三、工业以太网通信

工业以太网是基于 IEEE 802.3 的强大的区域和单元网络。以太网技术因其技术简单、开放性好、价格低廉等特点,在办公和商务上的市场占有率非常高。随着技术的进步发展,以太网也从办公自动化往生产和过程自动化发展,一些厂商开始将以太网技术引入到工业设备的底层,这就诞生了工业以太网。工业以太网作为全开放、全数字化的网络,可以满足控制系统各个层次的要求,遵照网络协议不同厂商的设备可以很容易实现互联。随着高速以太网的广泛应用,还能实现工业控制网络与企业信息网络的无缝连接。以太网的技术已经非常成熟,软件和硬件的使用和更新成本都很低,还能选择多种软件开发环境和硬件设备。

大多数机器人均支持工业以太网通信,例如 KUKA 工业机器人支持基于工业以太网的 Modbus TCP、OPC、Socket 通信等。在进行以太网通信时,需要先对机器人的网络配置进行设置。

【技能操作】

工业机器人的网络配置

工业机器人在进行以太网通信时,往往要求自身 IP 地址与通信对象处于同一网段,这时需要修改机器人的 IP 地址。通过以下步骤可以修改 KUKA 机器人的 IP 地址:

1）在示教器上切换用户组权限，登录"安全维护人员"等权限，如图3-36所示。

2）通过"主菜单"→"投入运行"→"网络配置"进入IP地址设置界面，如图3-37所示。

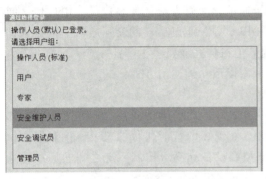

图3-36　登录"安全维护人员"等权限

图3-37　进入IP地址设置界面

3）接着就可以对IP地址进行修改了，修改后保存，如图3-38和图3-39所示。

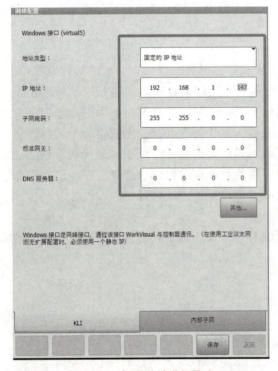

图3-38　对IP地址进行修改

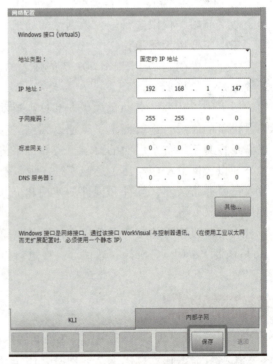

图3-39　修改后保存

4）再关闭主菜单退出即可。

需要注意的是，并不是必须修改机器人的 IP 地址，将机器人的通信对象的 IP 地址设置为与机器人 IP 地址同一网段也一样可以实现通信设置。

3.1.6 机器人重复定位精度的测试

【相关知识】

一、机器人重复定位精度的含义

根据 GB/T 12642—2013《工业机器人　性能规范及其试验方法》中的定义，把机器人的精度分为位姿重复性（RP）与位姿准确度（AP）。

位姿重复性表示对同一指令位姿从同一方向重复响应 n 次后实到位姿的一致程度，就是我们通俗讲的重复定位精度。位姿其实包含了位置和姿态，我们常讲的是末端单点的位置。重复定位精度通俗来说就是，每次都是从 A 点到指定的坐标 B 点，然后计算每次到 B 点的准确性。

二、机器人重复定位精度的测试

机器人精度的测试最常使用的是激光跟踪仪，主流的品牌有法如、API、莱卡等。采用此方法测试出的参数比较精确。也有厂家采用千分表进行测试，相对来说更加经济。

根据国家标准的定义，通过激光跟踪仪或千分表测得机器人多次到达某一点的数据后，采用下面的方法进行重复定位精度的计算：

即重复定位精度可表示为以位置集群中心为球心的球半径 RP_i 之值，如图 3-40 所示。

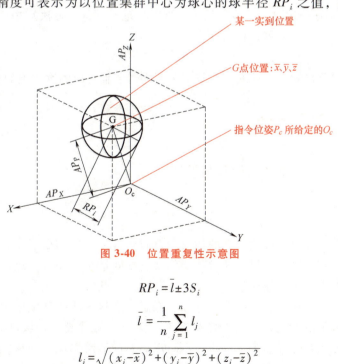

图 3-40　位置重复性示意图

$$RP_i = \bar{l} \pm 3S_i$$

$$\bar{l} = \frac{1}{n}\sum_{j=1}^{n} l_j$$

$$l_j = \sqrt{(x_j - \bar{x})^2 + (y_j - \bar{y})^2 + (z_j - \bar{z})^2}$$

$$\bar{x} = \frac{1}{n}\sum_{j=1}^{n}x_j, \quad \bar{y} = \frac{1}{n}\sum_{j=1}^{n}y_j, \quad \bar{z} = \frac{1}{n}\sum_{j=1}^{n}z_j$$

$$S_i = \sqrt{\frac{\sum_{j=1}^{n}(l_j - \bar{l})^2}{n-1}}$$

$\bar{x}$、$\bar{y}$、$\bar{z}$ 是对同一位姿重复相应 n 次后所得各点集群中心的坐标，x_j、y_j、z_j 是第 j 次实到位姿的坐标。

【技能操作】

工业机器人厂商一般会将重复定位精度作为其性能指标中最为重要的一项数据，故重复定位精度测试显得尤为重要。重复定位精度的测试步骤如下：

1. 测量工具

由于重复定位精度测试需要 X、Y、Z 三个方向实到位置变化的数据，一般采用传感器或激光跟踪仪对机器人实到位置进行测量和记录。本次测试采用杠杆千分表替代传感器，通过千分表来记录机器人多次重复定位的位置偏移量。

2. 位置测量

将千分表固定在平面上，示教机器人以测量方向靠近千分表并定位。之后，使机器人按照示教编程的轨迹重复到达目标点，并记录千分表数值，得到某一方向的实到位置。以同样方法测量 X、Y、Z 三个方向的数据。重复 $P_1 \sim P_5$ 5 个点位 30 次，记录相关数据。

3. 测量公式

采用 GB/T 12642—2013《工业机器人 性能规范及其试验方法》中定义的重复定位精度的公式，计算出机器人重复定位精度。

4. 温度记录

通过温控实时监控软件，从测试开始记录工作时各轴对应温度数值的变化。

3.2 示教编程与调试

3.2.1 机器人码垛工作站的编程与调试

【相关知识】

随着科技的进步以及现代化进程的加快，人们对搬运速度的要求越来越高，传统的人工码垛只能应用在物料轻便、尺寸和形状变化大、吞吐量小的场合，这已经远远不能满足工业的需求，机器人码垛应运而生。

机器人码垛可以代替人们在危险、有毒、低温、高热等恶劣环境中工作，帮助人们完成繁重、单调、重复的劳动，提高劳动生产率，保证产品质量。码垛机械手臂非常灵活，一台机器手臂可以同时处理多条生产线的不同产品。垛形及码垛层数可任意设置，垛形整齐方便储存及运输。机器人码垛具有工作能力强、适用范围大、占地空间小、灵活性高、成本低、维护方便等多个方面的优势，其应用渐为广泛，并成为一种发展趋势。

某零件码垛工作站如图 3-41 所示。

图 3-41　某零件码垛工作站

【技能操作】

机器人码垛工作站的编程与调试

一、机器人码垛工作站的组成

1. 码垛模块

物料块有圆柱形和方形两种，方形物料块的长宽都是 30mm，高是 21mm。操作者可根据需要选择摆放方式，机器人通过吸盘夹具按要求拾取物料块进行码垛任务，并自由组合码垛形式及样式。

2. 搬运模块

机器人通过吸盘夹具依次把一个物料板上摆放好的物料块拾取搬运到另一个物料板上，搬运形式要求灵活组合。

3. TCP 模块

用于工业机器人工具坐标系的建立。

二、编程与调试控制要求

A 区为原料区，方形物料块紧密整齐地以 3×3×2（即每层 9 块，共两层）的形式摆放在 A 区，然后由工业机器人将物料块搬运至 B 区相应的方格中，方格边长为 33mm，仍然是两层的形式，如图 3-42 所示。

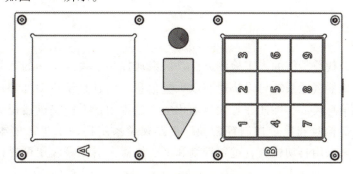

图 3-42　码垛模块区域示意图

三、程序编写

根据控制要求编写机器人参考程序，如图3-43所示。

```
1   DEF maduo( )
2   decl e6pos md,mds,cd,cds
3   int a,b,c
4  ⊞ SPTP HOME Vel=100 % DEFAULT Tool[1] Base[0]
5  ⊞ SPTP P1 Vel=100 % PDAT1 Tool[1] Base[0]
6  ⊞ SPTP P2 Vel=100 % PDAT2 Tool[1] Base[0]
7   a=0
8   b=0
9   for c=0 to 1
10  for a=0 to 2
11  for b=0 to 2
12     md=xp1
13  md.x=xp1.x+33*b
14  md.y=xp1.y-33*a
15  md.z=xp1.z+21*c
16  cd=xp2
17  cd.x=xp2.x+30*b
18  cd.y=xp2.y-30*a
19  cd.z=xp2.z+21*(1-c)
20  mds=md
21  mds.z=md.z+40
22  cds=cd
23  cds.z=cd.z+40
24  sptp cds with $vel.cp=0.5
25  slin cd with $vel.cp=0.5
26 ⊞ OUT 2 '' State=TRUE
27  slin cds with $vel.cp=0.5
28  sptp mds with $vel.cp=0.5
29  slin md with $vel.cp=0.5
30 ⊞ OUT 2 '' State=FALSE
31  slin mds with $vel.cp=0.5
32  endfor
33  endfor
34  endfor
35 ⊞ SPTP HOME Vel=100 % DEFAULT Tool[1] Base[0]
36  END
```

图3-43 机器人参考程序

3.2.2 机器视觉系统的编程

【相关知识】

机器视觉系统代替传统的人工检测方法，极大地提高了投放市场的产品质量，提高了生产效率。由于机器视觉系统可以快速获取大量信息，而且易于自动处理，也易于同设计信息及加工控制信息集成，因此在现代自动化生产过程中，人们将机器视觉系统广泛地用于工况监视、成品检验和质量控制等领域。机器视觉系统提高了生产的柔性和自动化程度。在工业上通常采用自动检查，过程控制和工业机器人引导等应用可提供基于图像的自动检查和分析。

一、机器视觉硬件系统

1. 机器视觉系统的组成

机器视觉系统由工业相机、镜头、可调支架、平行光源、数字控制器、视觉控制器、视觉处理软件等组成,如图3-44所示。

图 3-44 机器视觉系统的组成

2. 功能

图 3-44 所示机器视觉系统对按键原料放置架上按键的数字等标识、位置、尺寸等因素进行拍摄,并配合 PLC、触摸屏完成按键的分拣。

3. 主要参数

镜头、彩色相机、控制器、连接电缆等的规格参数如下:

1)相机像素为 320 万像素。
2)电源参数为 2.6W、DC 12V,电压范围为 5~15V,支持 POE 供电。
3)镜头采用 600 万像素、25mm 焦距。
4)镜头接口采用 C-Mount 接口。
5)软件采用 MVS 或者第三方支持 GigE Vision 协议软件,兼容 GigE Vision V1.2。
6)操作系统采用 Windows XP/7/10,32/64 位。
7)通过 CE、FCC、RoHS 标准认证。
8)具有强大的通信功能,支持与 PLC Modbus TCP 通信,与机器人 TCP/IP 通信。
9)海康威视视觉控制器,Intel E3845 处理器,4GB 内存,120GB 固态硬盘(SSD),3 个千兆网口,HDMI 输出,8GB PIO(已升级)。

二、VisionMaster 算法平台

1. VisionMaster 客户端的主界面

VisionMaster 客户端的主界面如图 3-45 所示。

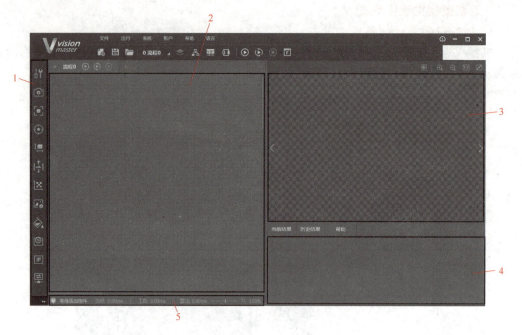

图 3-45 VisionMaster 客户端的主界面

区域 1：工具箱模块，包含图像采集、定位、测量、识别、标定、对位、图像处理、颜色处理、缺陷检测、逻辑工具、通信等功能模块。

区域 2：流程编辑模块。

区域 3：图像显示模块。

区域 4：结果显示模块，可以查看当前结果、历史结果和帮助信息。

区域 5：状态显示模块，显示所选单个工具运行时间、总流程运行时间和算法耗时。

2. 快捷工具条

主界面中的快捷工具条在菜单栏下面，工具条中的相关操作按钮能快速、方便地对相机进行相应的操作。各操作按钮对应的含义如图 3-46 所示。

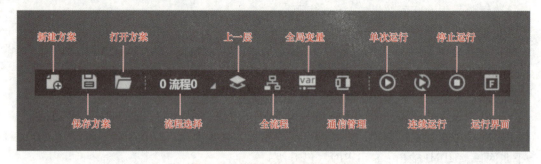

图 3-46 各操作按钮对应的含义

3. 视觉工具介绍

工具栏区的工具主要包含常用工具、采集、定位、测量、识别、标定、图像处理、颜色处理、缺陷检测、逻辑工具和通信等工具。

鼠标停留在左侧对应工具栏就可以显示子工具，选中要使用的工具拖拉至流程编辑区域，然后按照项目逻辑需求连线相关工具，双击配置参数即可，如图3-47所示。

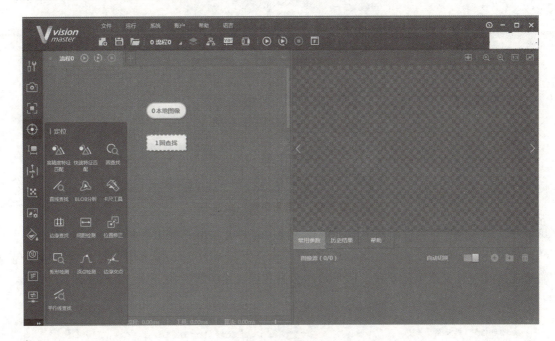

图 3-47　工具栏区

【技能操作】

视觉颜色分拣视觉系统的编程

1. 相机设置

1）在主界面左侧的快捷工具条中找到"相机图像"图标，并拖拽至流程编辑区，如图3-48所示，双击"1相机图像"图标即可进入"1相机图像"界面。

图 3-48　"相机图像"图标

2）在"1相机图像"界面中单击"常用参数"标签，如图3-49所示。

在"相机连接"选项组中，从"选择相机"右侧的下拉列表中可看到当前在线的所有

图 3-49 "常用参数"标签

相机,从中选择想要连接的相机即可。先依据方案需求,在"常用参数"标签中配置相应的相机参数。这里相机选择 Hikrobot,像素格式设置为 MONO8,曝光时间可根据现场编程的情况修改(建议修改为 6000~10000)。相机参数设置如图 3-50 所示。

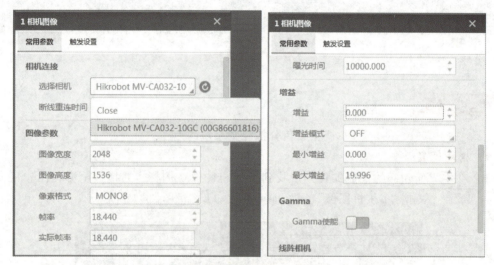

图 3-50 相机参数设置

"常用参数"标签中各参数的含义如下:

① 选择相机:可以选择当前局域网内在线的 GigE、线阵相机或 U3V 相机进行连接。

② 图像宽度和图像高度:可以查看并设置当前被连接相机的图像宽度和高度。

③ 帧率:可以设置当前被连接相机的帧率,帧率影响图像采集的快慢。

④ 实际帧率:当前相机的实时采集帧率。

⑤ 曝光时间:当前打开的相机的曝光时间,曝光时间影响图像的亮度。

⑥ 像素格式:像素格式有两种,分别是 MONO8 和 RGB8。

⑦ 断线重连时间：当相机因为网络等因素断开时，在该时间内，模块会进行重连操作。

⑧ 增益：在不增加曝光时间的情况下，通过增加增益来提高亮度。

⑨ Gamma：调整的是对比度，默认值是1，Gamma值在0~1之间会使图像亮度提升，Gamma值在1~4之间会导致图像亮度变暗。

⑩ 行频：当连接的相机是线阵相机时，可以设置相机的行频。

⑪ 实际行频：实际运行过程中的行频。

3）单击"触发设置"标签，将触发源修改为SOFTWARE，如图3-51所示，然后单击"确定"保存。

触发源：可以根据需要选择触发源，其中软触发为VisionMaster控制触发相机，也可接硬触发，需要配合外部的硬件进行触发设置。

2. 通信管理

1）工具条中的相关操作按钮能快速、方便地对相机进行相应的操作。主界面中的快捷工具条在菜单栏下面，在其中找到"通信管理"图标，如图3-52所示。

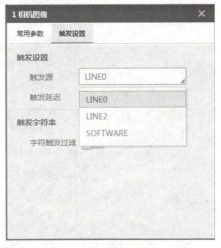

图3-51 设置触发源

图3-52 "通信管理"图标

2）单击图标进入"通信管理"界面，单击添加图标，添加新设备列表，并可设置"通信协议"和"通信参数"下相关参数，支持TCP、UDP和串口通信。

这里协议类型选择TCP服务端，设备名称设为TCP服务端0，本地端口设为3000，本机IP设为192.168.1.20，如图3-53所示。单击"创建"完成通信设备的创建。

图3-53 通信协议及通信参数设置

3. 图像源设置

在工具箱"采集"功能区里面拖动"相机图像"模块到流程编辑区，双击"0 相机图像"模块进入"0 相机图像"界面进行基本参数设置，如图 3-54 所示。

图 3-54　相机图像基本参数设置

4. 颜色处理

1）在工具箱"颜色处理"功能区里面拖动"颜色抽取"模块到流程编辑区，进行功能模块连接，如图 3-55 所示。下面将抽取红色物料的颜色。

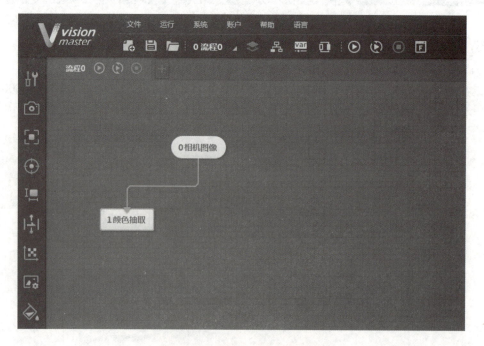

图 3-55　"1 颜色抽取"模块连接

模块连接操作如下：拖动鼠标进行连接，或右击"1 相机图像"模块选择"连接"，找到连接对象即自动连接。

双击"1 颜色抽取"模块，进入"1 颜色抽取"界面进行运行参数设置，单击"执行"按钮，显示出当前采集的图像，将鼠标停在当前需要采集的颜色上，右下角会显示出当前颜色的 R、G、B 值，以此设置运行参数下通道 1、2、3 的上下限范围。如图 3-56 所示，红色物料的 R 值为 255，G 值为 53，B 值为 37，将通道 1 设置为 250~255，通道 2 设置为 30~80，通道 3 设置为 20~50。

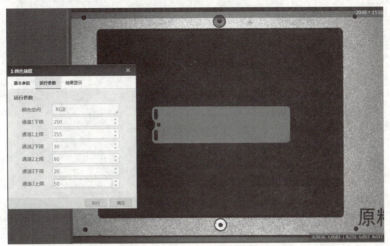

图 3-56　"1 颜色抽取"界面

颜色区域选择操作如下：相机执行连续拍照，移动鼠标进入颜色区域采集颜色空间的 R、G、B 值。

2）在工具箱"颜色处理"功能区里面拖动"颜色抽取"模块到流程编辑区，进行功能模块连接，如图 3-57 所示。

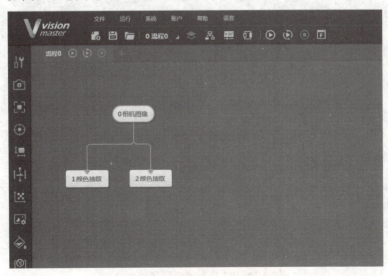

图 3-57　"2 颜色抽取"模块连接

双击"2 颜色抽取"模块，进入"2 颜色抽取"界面进行运行参数设置，单击"执行"按钮，显示出当前采集的图像，将鼠标停在当前需要采集的颜色上，右下角会显示出当前颜色的 R、G、B 值，以此设置运行参数下通道 1、2、3 的上下限范围。如图 3-58 所示，蓝色物料的 R 值为 18，G 值为 41，B 值为 228，将通道 1 设置为 0~40，通道 2 设置为 15~45，通道 3 设置为 200~255。

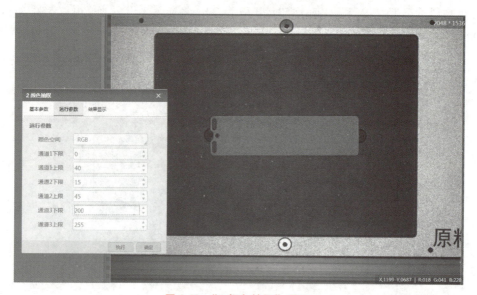

图 3-58 "2 颜色抽取"界面

3）在工具箱"颜色处理"功能区里面拖动"颜色抽取"模块到流程编辑区，进行功能模块连接，如图 3-59 所示。

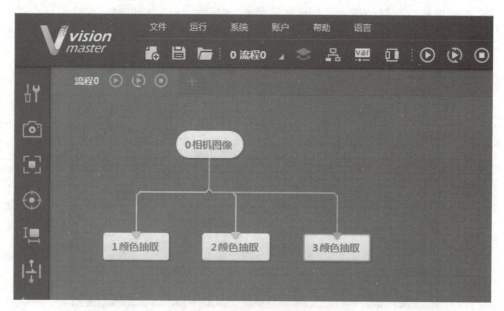

图 3-59 "3 颜色抽取"模块连接

双击"3 颜色抽取"模块,进入"3 颜色抽取"界面进行运行参数设置,单击"执行"按钮,显示出当前采集的图像,将鼠标停在当前需要采集的颜色上,右下角会显示出当前颜色的 R、G、B 值,以此设置运行参数下通道 1、2、3 的上下限范围。如图 3-60 所示,黄色物料的 R 值为 198,G 值为 132,B 值为 0,将通道 1 设置为 150~230,通道 2 设置为 100~180,通道 3 设置为 0~50。

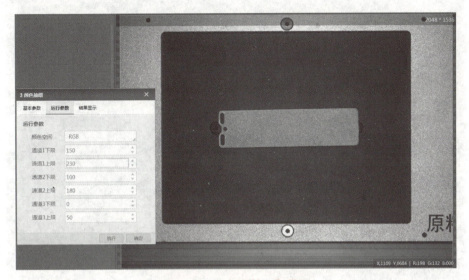

图 3-60 "3 颜色抽取"界面

5. BLOB 分析

1)在工具箱"定位"功能区里面拖动"BLOB 分析"模块到流程编辑区,进行功能模块连接,如图 3-61 所示。

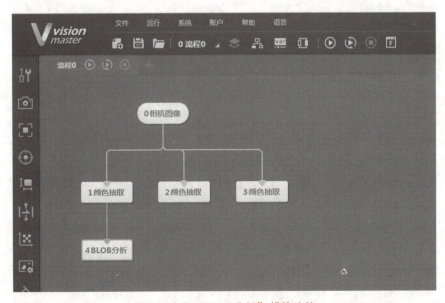

图 3-61 "4 BLOB 分析"模块连接

133

双击"4 BLOB分析"模块，进入"4 BLOB分析"界面进行运行参数设置，极性选择亮于背景，面积范围设为10000~500000，如图3-62所示。

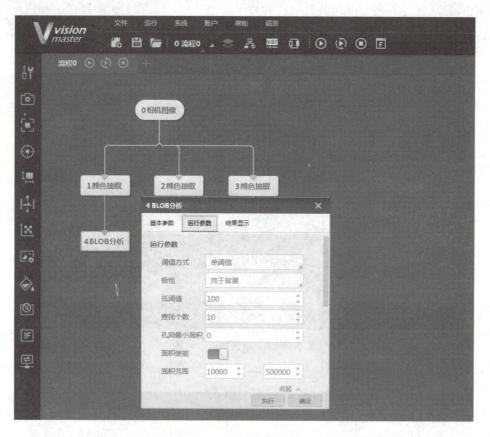

图3-62 在"4 BLOB分析"界面进行运行参数设置

该界面可以进行基本参数、运行参数和结果显示设置，相关参数的含义如下：

阈值方式：将图像二值化的阈值，可选单阈值、双阈值、自动阈值等。

极性：有暗于背景和亮于背景两种模式。暗于背景是指特征图像像素值低于背景像素值，亮于背景是指特征图像像素值高于背景像素值。

低阈值：二值化的阈值设置。

查找个数：设置查找BLOB图形的个数。

面积使能：该功能表示只有在参数设置范围内面积的特征图像才有可能被查找到。

面积范围：设置面积使能的最大、最小面积，在此范围内的特征图像才有可能被查找到。

高级参数中可以设置相应的使能，来根据轮廓长、长短轴、圆形度、矩形度、质心偏移等查找相应特征的图像。

① 轮廓长：特征图像的周长。

② 长短轴：最小外接矩形的长和宽，如图3-63所示。

③ 圆形度、矩形度：与圆或者矩形的相似程度。

④ 质心偏移：质心偏移的像素点。

2）在工具箱"定位"功能区里面依次拖动两个"BLOB分析"模块到流程编辑区，进行功能模块连接，如图3-64所示。在"BLOB分析"界面进行运行参数设置，极性选择亮于背景，面积范围设为10000~500000。

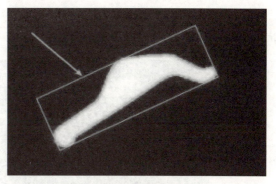

图3-63 长短轴

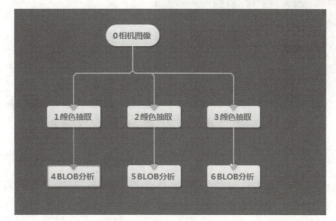

图3-64 添加并连接两个"BLOB分析"模块

6. 格式化

在工具箱"测量"功能区里面拖动"格式化"模块到流程编辑区，进行功能模块连接，如图3-65所示。

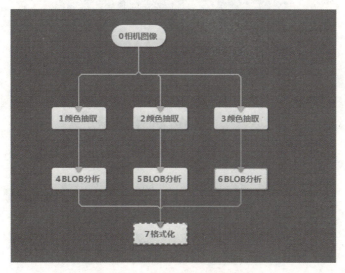

图3-65 "7格式化"模块连接

双击"7格式化"模块,进入"7格式化"界面进行基本参数设置,3个"BLOB 分析"模块的状态选择如图 3-66 所示。

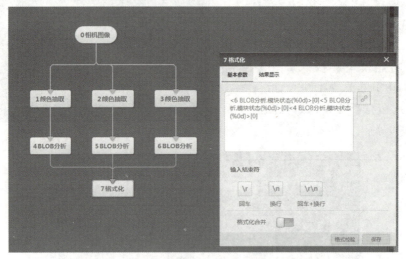

图 3-66　在"7格式化"界面进行基本参数设置

插入订阅的操作步骤如下：在右侧 处单击选择需要格式化的数据,可以选择多个需要的数据。同时插入多个"BLOB 分析"模块状态时,在数据框中不同数据间设置合适的间隔符即可。在下方可以按照需要选择合适的输出结束符号。配置完成后可以使用"格式校验"按钮校验格式是否符合要求。

7. 分支字符

在工具箱"逻辑工具"功能区里面拖动"分支字符"模块到流程编辑区,进行功能模块连接,如图 3-67 所示。

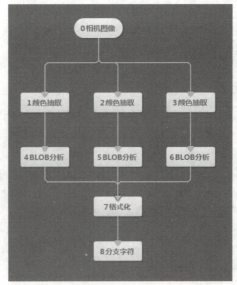

图 3-67　"8 分支字符"模块连接

双击"8分支字符"模块,进入"8分支字符"界面进行参数设置,如图3-68所示。

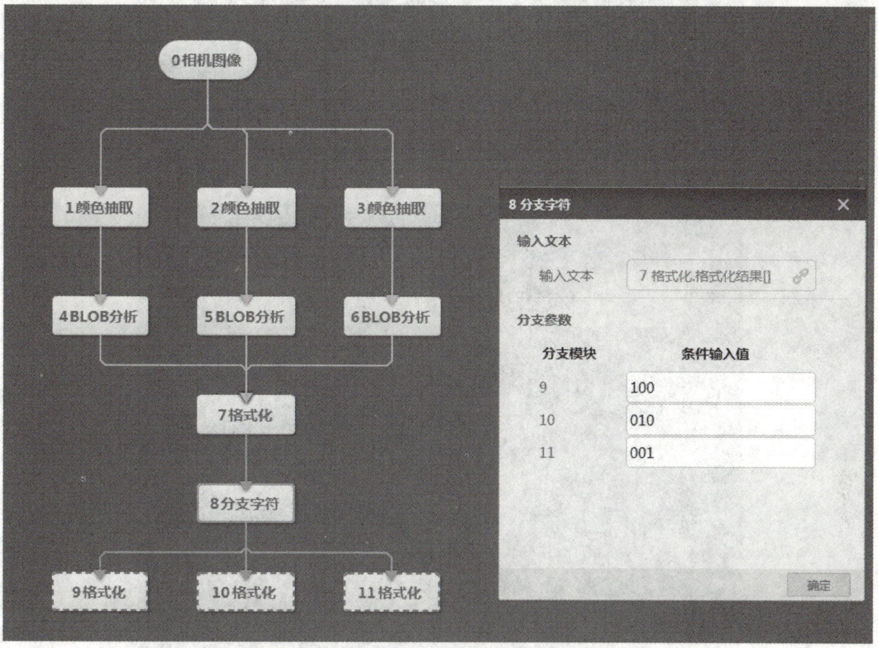

图 3-68 在"8分支字符"界面进行参数设置

条件输入值:选择输入的参数。

分支参数:设置条件输入值,根据输入文本和条件输入值比较选择分支模块。

分支模块工具可以配置输入条件,并根据方案实际需求,对不同的分支模块配置不同的条件输入值。当条件输入值为该值时,即会执行该分支模块。条件输入值仅支持整数,不支持字符串,若需要输入字符串格式,则需用字符分支,或者用字符识别和分支模块。当需要根据模板匹配状态来决定后续分支工作时,可以将输入条件配置为模板匹配状态,并配置分支模块的条件输入值。需要注意的是,在设置分支参数时应先连接"分支字符"模块下方的"格式化"模块,否则分支模块中无可编辑内容。

8. 格式化

1)在工具箱"逻辑工具"功能区里面拖动"格式化"模块到流程编辑区,进行功能模块连接,如图3-69所示。

双击"9格式化"模块,进入"9格式化"界面进行基本参数设置,文本框中输入"红色",如图3-70所示。

"9格式化"界面中各参数的含义如下:

① 文本:通过格式化工具可以把数据整合并格式化成字符串输出,最大长度为256字节(Byte)。在右侧处单击 选择需要格式化的数据,可以选择多个需要的数据,在数据框中不同数据间设置合适的间隔符即可。在下方可以按照需要选择合适的输出结束符号。配置完成后,可以使用"格式校验"按钮校验格式是否符合要求。

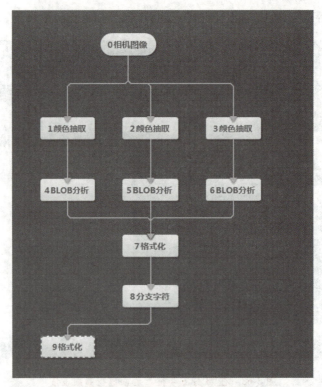

图 3-69 "9 格式化"模块连接

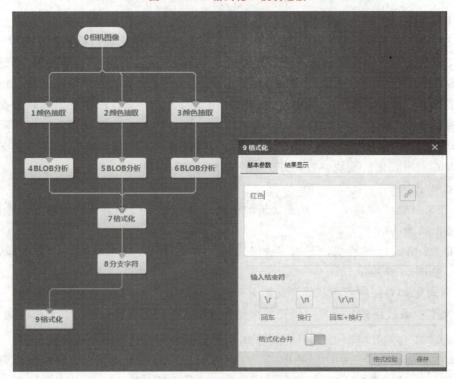

图 3-70 文本框中输入"红色"

② 输入结束符：\r 为回车，\n 为换行，\r\n 为回车换行。单击对应的输入结束符，然后在对应的位置单击鼠标，选择要输入的数据。

③ 格式化合并：在分支结构中，对分支结果进行格式化输出。如果有一个及以上的分支不运行时，开启格式化合并能够输出正常分支的值。

④ 格式校验：校验配置的格式，确保数据能够被正确格式化。

⑤ 保存：保存格式化配置。

2）在工具箱"逻辑工具"功能区里面依次拖动两个"格式化"模块到流程编辑区，进行功能模块连接，如图 3-71 所示，并在其"格式化"界面"基本参数"标签的文本框中分别输入"黄色"和"蓝色"。

9. 发送数据

1）在工具箱"通信"功能区里面拖动"发送数据"模块到流程编辑区，进行功能模块连接，如图 3-72 所示。

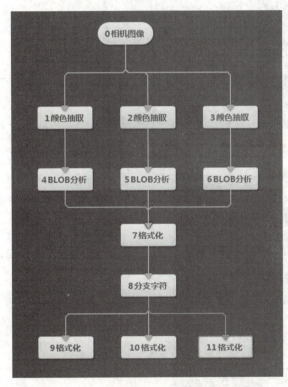

图 3-71 添加并连接两个"格式化"模块

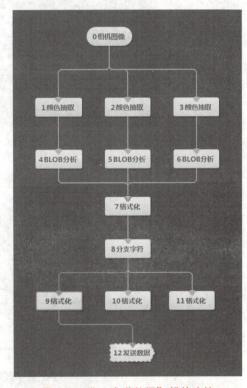

图 3-72 "12 发送数据"模块连接

双击"12 发送数据"模块，进入"12 发送数据"界面进行基本参数设置，输出至选择"通信设备"，通信设备选择"TCP 服务端 0"，发送数据选择"9 格式化.格式化结果[ ]"，如图 3-73 所示。

输出至：选择输出至数据队列、通信设备或全局变量。

发送数据：选择需要发送的数据。

2）在工具箱"通信"功能区里面依次拖动两个"发送数据"模块到流程编辑区，进行功能模块连接，如图 3-74 所示。然后在其"发送数据"界面进行基本参数设置，输出至都选择"通信设备"，通信设备都选择"TCP 服务端 0"，发送数据分别选择"10 格式化.格式化结果 [ ]"和"11 格式化.格式化结果 [ ]"。

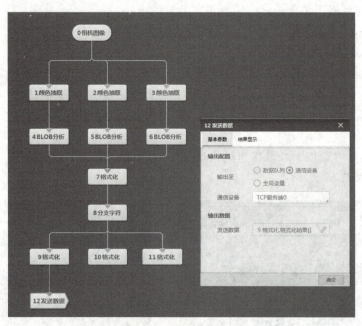

图 3-73　基本参数设置

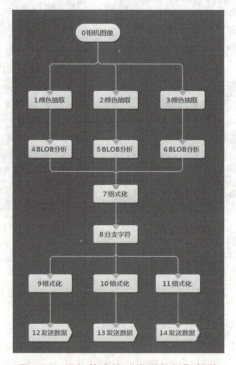

图 3-74　添加并连接"发送数据"模块

10. 编程调试

1）在流程编辑区选择"9 格式化"模块，把相机拍照模式修改为连续拍照，如图 3-75 所示。相机每执行一次拍照，都会在信息输出区域显示执行序号、时间、模块状态。红色物料的格式化结果为"红色"，如图 3-76 所示。

图 3-75　相机拍照模式修改为连续拍照

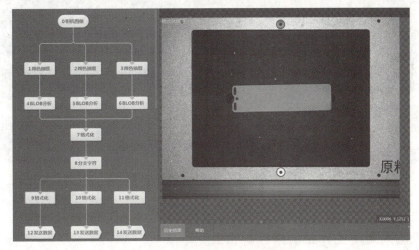

图 3-76　红色物料的格式化结果

2）在流程编辑区选择"10 格式化"模块，把相机拍照模式修改为连续拍照。相机每执行一次拍照都会在信息输出区域显示执行序号、时间、模块状态。黄色物料的格式化结果为"黄色"，如图 3-77 所示。

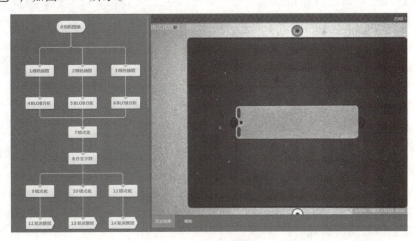

图 3-77　黄色物料的格式化结果

3）在流程编辑区选择"11 格式化",把相机拍照模式修改为连续拍照。相机每执行一次拍照都会在信息输出区域显示执行序号、时间、模块状态。蓝色物料的格式化结果为"蓝色",如图 3-78 所示。

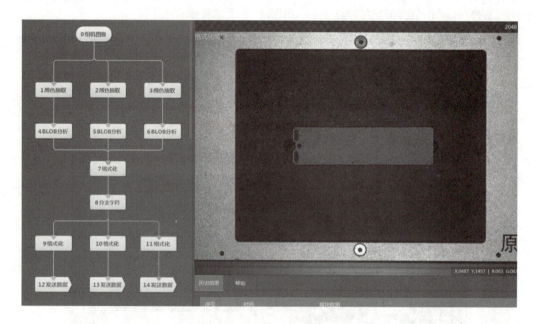

图 3-78　蓝色物料的格式化结果

3.2.3　机器人装配工作站的编程与调试

【相关知识】

一、装配工作站的认识

目前在各种电器制造（包括家用电器,如电视机、录音机、洗衣机、电冰箱、吸尘器等）、小型电动机、汽车及其部件、计算机、玩具、机电产品及其组件的装配等方面,广泛使用机器人装配工作站来完成。

二、某键盘装配工作站的组成

1. 键盘装配夹具

键盘装配夹具如图 3-79 所示。

1）组成：包括连接板、真空吸盘、平行手指及卡爪。
2）功能：用于键盘的按键装配与成品转运。

2. 按键原料模块

按键原料模块如图 3-80 所示。

1）组成：包括料架、按键托盘等。
2）功能：放置用于装配的按键。

图 3-79 键盘装配夹具

图 3-80 按键原料模块

3. 键盘原料及成品放置模块

键盘原料及成品放置模块如图 3-81 所示。

图 3-81 键盘原料及成品放置模块

1）组成：包括键盘料架、键盘托盘等。
2）功能：放置键盘原料及成品。
数字键盘成品如图 3-82 所示。

4. 按键装配模块

按键装配模块如图 3-83 所示。

图 3-82 数字键盘成品

图 3-83 按键装配模块

1）组成：包括铝合金支架及装配台。
2）功能：完成按键的装配。

【技能操作】

机器人装配工作站的编程与调试

一、控制要求

工业机器人先把键盘底座从键盘原料及成品放置模块夹持到按键装配模块，然后视觉系统识别按键帽的字符，通过吸盘工具将按键帽装在对应的位置，全部装完之后将成品放回键盘原料及成品放置模块。

二、参考程序

```
DEF jplx( )
e6pos fjp
;FOLD INI;%{PE}
  ;FOLD BASISTECH INI
    GLOBAL INTERRUPT DECL 3 WHEN $STOPMESS = = TRUE DO IR_STOPM ( )
    INTERRUPT ON 3
    BAS (#INITMOV,0 )
  ;ENDFOLD (BASISTECH INI)
  ;FOLD USER INI
     ;Make your modifications here

  ;ENDFOLD (USER INI)
;ENDFOLD (INI)
j = 0
k = 0
m = 0
$out[3] = false
$out[6] = false
;FOLD SPTP HOME Vel = 100% DEFAULT ;%{PE}
;FOLD Parameters ;%{h}
;Params IlfProvider = kukaroboter. basistech. inlineforms. movement. spline;
Kuka. IsGlobalPoint = False; Kuka. PointName = HOME; Kuka. BlendingEnabled = False;
Kuka. MoveDataPtpName = DEFAULT; Kuka. VelocityPtp = 100; Kuka. VelocityFieldEnabled = True;
Kuka. ColDetectFieldEnabled = True; Kuka. CurrentCDSetIndex = 0;
Kuka. MovementParameterFieldEnabled = True; IlfCommand = SPTP
  ;ENDFOLD
SPTP XHOME WITH $VEL_AXIS[1] = SVEL_JOINT(100.0), $TOOL = STOOL2
```

(FHOME), $ BASE = SBASE (FHOME.BASE_NO), $ IPO_MODE = SIPO_MODE (FHOME.IPO_FRAME), $LOAD=SLOAD(FHOME.TOOL_NO), $ACC_AXIS[1]=SACC_JOINT(PDEFAULT), $APO=SAPO_PTP(PDEFAULT), $GEAR_JERK[1]=SGEAR_JERK (PDEFAULT), $COLLMON_TOL_PRO[1]=USE_CM_PRO_VALUES(0)

   ;ENDFOLD

goto main

   ;FOLD PTP qd Vel=100% PDAT7 Tool[2]:jianpanxizui Base[0] ;%{PE}

   ;FOLD Parameters ;%{h}

   ;Params IlfProvider=kukaroboter.basistech.inlineforms.movement.old;

Kuka.IsGlobalPoint=False; Kuka.PointName=qd; Kuka.BlendingEnabled=False;

Kuka.MoveDataPtpName=PDAT7; Kuka.VelocityPtp=100; Kuka.CurrentCDSetIndex=0;

Kuka.MovementParameterFieldEnabled=True; IlfCommand=PTP

   ;ENDFOLD

   $BWDSTART=FALSE

PDAT_ACT=PPDAT7

FDAT_ACT=Fqd

BAS(#PTP_PARAMS, 100.0)

SET_CD_PARAMS (0)

PTP Xqd

   ;ENDFOLD

   ;FOLD PTP fd Vel=100% PDAT8 Tool[2]:jianpanxizui Base[0] ;%{PE}

   ;FOLD Parameters ;%{h}

   ;Params IlfProvider=kukaroboter.basistech.inlineforms.movement.old;

Kuka.IsGlobalPoint=False; Kuka.PointName=fd; Kuka.BlendingEnabled=False;

Kuka.MoveDataPtpName=PDAT8; Kuka.VelocityPtp=100; Kuka.CurrentCDSetIndex=0;

Kuka.MovementParameterFieldEnabled=True; IlfCommand=PTP

   ;ENDFOLD

   $BWDSTART=FALSE

PDAT_ACT=PPDAT8

FDAT_ACT=Ffd

BAS(#PTP_PARAMS, 100.0)

SET_CD_PARAMS (0)

PTP Xfd

   ;ENDFOLD

   ;FOLD PTP p0 Vel=100% PDAT9 Tool[2]:jianpanxizui Base[0] ;%{PE}

   ;FOLD Parameters ;%{h}

   ;Params IlfProvider=kukaroboter.basistech.inlineforms.movement.old;

Kuka.IsGlobalPoint=False; Kuka.PointName=p0; Kuka.BlendingEnabled=False;

```
Kuka. MoveDataPtpName = PDAT9 ; Kuka. VelocityPtp = 100 ; Kuka. CurrentCDSetIndex = 0 ;
Kuka. MovementParameterFieldEnabled = True ; IlfCommand = PTP
    ;ENDFOLD
    $BWDSTART = FALSE
    PDAT_ACT = PPDAT9
    FDAT_ACT = Fp0
    BAS(#PTP_PARAMS, 100.0)
    SET_CD_PARAMS (0)
    PTP Xp0
    ;ENDFOLD
    ;FOLD PTP p1 Vel = 100% PDAT10 Tool[2]:jianpanxizui Base[0] ;%{PE}
    ;FOLD Parameters ;%{h}
    ;Params IlfProvider = kukaroboter. basistech. inlineforms. movement. old ;
Kuka. IsGlobalPoint = False ; Kuka. PointName = p1 ; Kuka. BlendingEnabled = False ;
Kuka. MoveDataPtpName = PDAT10 ; Kuka. VelocityPtp = 100 ; Kuka. CurrentCDSetIndex = 0 ;
Kuka. MovementParameterFieldEnabled = True ; IlfCommand = PTP
    ;ENDFOLD
    $BWDSTART = FALSE
    PDAT_ACT = PPDAT10
    FDAT_ACT = Fp1
    BAS(#PTP_PARAMS, 100.0)
    SET_CD_PARAMS (0)
    PTP Xp1
    ;ENDFOLD
    ;FOLD PTP p2 Vel = 100% PDAT11 Tool[2]:jianpanxizui Base[0] ;%{PE}
    ;FOLD Parameters ;%{h}
    ;Params IlfProvider = kukaroboter. basistech. inlineforms. movement. old ;
Kuka. IsGlobalPoint = False ; Kuka. PointName = p2 ; Kuka. BlendingEnabled = False ;
Kuka. MoveDataPtpName = PDAT11 ; Kuka. VelocityPtp = 100 ; Kuka. CurrentCDSetIndex = 0 ;
Kuka. MovementParameterFieldEnabled = True ; IlfCommand = PTP
    ;ENDFOLD
    $BWDSTART = FALSE
    PDAT_ACT = PPDAT11
    FDAT_ACT = Fp2
    BAS(#PTP_PARAMS, 100.0)
    SET_CD_PARAMS (0)
    PTP Xp2
    ;ENDFOLD
```

```
;FOLD PTP p3 Vel=100% PDAT12 Tool[2]:jianpanxizui Base[0] ;%{PE}
;FOLD Parameters ;%{h}
;Params IlfProvider=kukaroboter.basistech.inlineforms.movement.old;
Kuka.IsGlobalPoint=False; Kuka.PointName=p3; Kuka.BlendingEnabled=False;
Kuka.MoveDataPtpName=PDAT12; Kuka.VelocityPtp=100; Kuka.CurrentCDSetIndex=0;
Kuka.MovementParameterFieldEnabled=True; IlfCommand=PTP
    ;ENDFOLD
    $BWDSTART=FALSE
    PDAT_ACT=PPDAT12
    FDAT_ACT=Fp3
    BAS(#PTP_PARAMS,100.0)
    SET_CD_PARAMS(0)
    PTP Xp3
    ;ENDFOLD
    ;FOLD PTP p4 Vel=100% PDAT13 Tool[2]:jianpanxizui Base[0] ;%{PE}
    ;FOLD Parameters ;%{h}
    ;Params IlfProvider=kukaroboter.basistech.inlineforms.movement.old;
Kuka.IsGlobalPoint=False; Kuka.PointName=p4; Kuka.BlendingEnabled=False;
Kuka.MoveDataPtpName=PDAT13; Kuka.VelocityPtp=100; Kuka.CurrentCDSetIndex=0;
Kuka.MovementParameterFieldEnabled=True; IlfCommand=PTP
    ;ENDFOLD
    $BWDSTART=FALSE
    PDAT_ACT=PPDAT13
    FDAT_ACT=Fp4
    BAS(#PTP_PARAMS,100.0)
    SET_CD_PARAMS(0)
    PTP Xp4
    ;ENDFOLD
    ;FOLD PTP p5 Vel=100% PDAT14 Tool[2]:jianpanxizui Base[0] ;%{PE}
    ;FOLD Parameters ;%{h}
    ;Params IlfProvider=kukaroboter.basistech.inlineforms.movement.old;
Kuka.IsGlobalPoint=False; Kuka.PointName=p5; Kuka.BlendingEnabled=False;
Kuka.MoveDataPtpName=PDAT14; Kuka.VelocityPtp=100; Kuka.CurrentCDSetIndex=0;
Kuka.MovementParameterFieldEnabled=True; IlfCommand=PTP
    ;ENDFOLD
    $BWDSTART=FALSE
    PDAT_ACT=PPDAT14
    FDAT_ACT=Fp5
```

```
       BAS(#PTP_PARAMS,100.0)
       SET_CD_PARAMS (0)
       PTP Xp5
      ;ENDFOLD
      ;FOLD PTP p6 Vel=100% PDAT15 Tool[2]:jianpanxizui Base[0] ;%{PE}
      ;FOLD Parameters ;%{h}
      ;Params IlfProvider=kukaroboter.basistech.inlineforms.movement.old;
Kuka.IsGlobalPoint=False; Kuka.PointName=p6; Kuka.BlendingEnabled=False;
Kuka.MoveDataPtpName=PDAT15; Kuka.VelocityPtp=100; Kuka.CurrentCDSetIndex=0;
Kuka.MovementParameterFieldEnabled=True; IlfCommand=PTP
       ;ENDFOLD
       $BWDSTART=FALSE
       PDAT_ACT=PPDAT15
       FDAT_ACT=Fp6
       BAS(#PTP_PARAMS,100.0)
       SET_CD_PARAMS (0)
       PTP Xp6
      ;ENDFOLD
      ;FOLD PTP p7 Vel=100% PDAT16 Tool[2]:jianpanxizui Base[0] ;%{PE}
      ;FOLD Parameters ;%{h}
      ;Params IlfProvider=kukaroboter.basistech.inlineforms.movement.old;
Kuka.IsGlobalPoint=False; Kuka.PointName=p7; Kuka.BlendingEnabled=False;
Kuka.MoveDataPtpName=PDAT16; Kuka.VelocityPtp=100; Kuka.CurrentCDSetIndex=0;
Kuka.MovementParameterFieldEnabled=True; IlfCommand=PTP
       ;ENDFOLD
       $BWDSTART=FALSE
       PDAT_ACT=PPDAT16
       FDAT_ACT=Fp7
       BAS(#PTP_PARAMS,100.0)
       SET_CD_PARAMS (0)
       PTP Xp7
      ;ENDFOLD
      ;FOLD PTP p8 Vel=100% PDAT17 Tool[2]:jianpanxizui Base[0] ;%{PE}
      ;FOLD Parameters ;%{h}
      ;Params IlfProvider=kukaroboter.basistech.inlineforms.movement.old;
Kuka.IsGlobalPoint=False; Kuka.PointName=p8; Kuka.BlendingEnabled=False;
Kuka.MoveDataPtpName=PDAT17; Kuka.VelocityPtp=100; Kuka.CurrentCDSetIndex=0;
Kuka.MovementParameterFieldEnabled=True; IlfCommand=PTP
```

```
    ;ENDFOLD
    $BWDSTART=FALSE
    PDAT_ACT=PPDAT17
    FDAT_ACT=Fp8
    BAS(#PTP_PARAMS,100.0)
    SET_CD_PARAMS (0)
    PTP Xp8
    ;ENDFOLD
    ;FOLD PTP p9 Vel=100% PDAT18 Tool[2]:jianpanxizui Base[0] ;%{PE}
    ;FOLD Parameters ;%{h}
    ;Params IlfProvider=kukaroboter.basistech.inlineforms.movement.old;
Kuka.IsGlobalPoint=False; Kuka.PointName=p9; Kuka.BlendingEnabled=False;
Kuka.MoveDataPtpName=PDAT18; Kuka.VelocityPtp=100; Kuka.CurrentCDSetIndex=0;
Kuka.MovementParameterFieldEnabled=True; IlfCommand=PTP
    ;ENDFOLD
    $BWDSTART=FALSE
    PDAT_ACT=PPDAT18
    FDAT_ACT=Fp9
    BAS(#PTP_PARAMS,100.0)
    SET_CD_PARAMS (0)
    PTP Xp9
    ;ENDFOLD
    main：
    PTP offs(Xqd,0,0,100,0,0,0)
    ptp Xqd
    $out[6]=true
    wait sec 1
    ptp offs(Xqd,0,0,100,0,0,0)
    ptp offs(Xfd,0,0,100,0,0,0)
    ptp Xfd
    $out[6]=false
    wait sec 1
    ptp offs(Xfd,0,0,100,0,0,0)
    ptp xhome
    bb：
    cam( )
    wait sec 0.5
    ptp offs(ql,0,0,60,0,0,0)
```

```
LIN ql
$out[3] = TRUE
WAIT SEC 1
LIN offs(ql,0,0,100,0,0,0)
k = k+1
IF k = = 1 THEN
fjp = xp0
ENDIF
IF k = = 2 THEN
fjp = xp1
ENDIF
IF k = = 3 THEN
fjp = xp2
ENDIF
IF k = = 4 THEN
fjp = xp3
ENDIF
IF k = = 5 THEN
fjp = xp4
ENDIF
IF k = = 6 THEN
fjp = xp5
ENDIF
IF k = = 7 THEN
fjp = xp6
ENDIF
IF k = = 8 THEN
fjp = xp7
ENDIF
IF k = = 9 THEN
fjp = xp8
ENDIF
IF k = = 10 then
fjp = xp9
ENDIF
PTP offs(fjp,0,0,100,0,0,0)
LIN fjp
$out[3] = false
```

```
wait sec 2
LIN offs(fjp,0,0,100,0,0,0)
PTP XHOME
m = m+1
if m<10 then
goto bb
else
goto cc
endif
cc:
ptp offs(Xfd,0,0,100,0,0,0)
ptp Xfd
$out[6] = true
wait sec 1
ptp offs(Xfd,0,0,100,0,0,0)
ptp offs(Xqd,0,0,100,0,0,0)
ptp Xqd
$out[6] = false
wait sec 1
ptp offs(Xqd,0,0,100,0,0,0)
;FOLD SPTP HOME Vel=100% DEFAULT ;%{PE}
;FOLD Parameters ;%{h}
;Params IlfProvider=kukaroboter.basistech.inlineforms.movement.spline;
Kuka.IsGlobalPoint=False; Kuka.PointName=HOME; Kuka.BlendingEnabled=False;
Kuka.MoveDataPtpName=DEFAULT; Kuka.VelocityPtp=100; Kuka.VelocityFieldEnabled=True;
Kuka.CurrentCDSetIndex=0; Kuka.MovementParameterFieldEnabled=True; IlfCommand=SPTP
;ENDFOLD
SPTP XHOME WITH $VEL_AXIS[1]=SVEL_JOINT(100.0), $TOOL=
STOOL2(FHOME), $BASE=SBASE(FHOME.BASE_NO), $IPO_MODE=
SIPO_MODE(FHOME.IPO_FRAME), $LOAD=SLOAD(FHOME.TOOL_NO), $ACC_AXIS[1]
=SACC_JOINT(PDEFAULT), $APO=SAPO_PTP(PDEFAULT), $GEAR_JERK[1]=
SGEAR_JERK(PDEFAULT), $COLLMON_TOL_PRO[1]=USE_CM_PRO_VALUES(0)
;ENDFOLD
end
```

三、调试步骤

1）示教机器人程序需要的点位。

2）以T1模式运行机器人到达按键帽位置，验证准确性，若识别错误或误差较大，应重新调整程序参数。

3）以 T1 模式运行机器人抓取按键帽，并装配到指定位置。

4）以 T2 模式运行工业机器人，观察其运行节拍是否合适。

5）以 AUTO 模式运行工业机器人程序，确保工作站安全稳定运行。运行中应时刻准备按下急停按钮，工业机器人运行轨迹在规划之外或将要发生碰撞时须及时停止。

3.2.4 机器人安全运行机制

【相关知识】

一、常见的机器人工作站安全运行设施

在生产环境中，在操作人员与工业机器人合作时，往往最先考虑的就是人身和设备的安全问题，我们会采用许多方法来确保生产顺利进行。

1. 防护笼

机器人防护笼大多是由铝型材框架加有机玻璃或者网格、亚克力板、密度板等组装而成的，如图 3-84 所示。它可以划分公共区域，使得工作区域看起来很清楚，对于操作人员来说工作上也会井然有序，也最大化地扩大了场地的利用率。最重要的是它还具备隔离的作用，既隔离保护了机器，同时也降低了人员事故的发生。现在很多的机器人都采用智能的听令系统，人为的干预或者靠近都有可能会造成事故危险。

2. 防护门

在使用防护笼或防护围栏的同时，往往会采用防护门这一安全保护措施。如果需要入内，防护门会开启，让技术人员进入维护。而在机器运行时，锁定机制会阻止人员

图 3-84 机器人防护笼及防护门

开门。假如防护门在本不应开启的情况下打开，集成开关或传感器会检测到这一状态，在这种情况下，它能确保机器在防护门完全关闭或锁住前无法启动，如图 3-84 所示。

3. 安全光栅

安全光栅是一种红外线安全保护装置。发光器和受光器安装于两侧，内部由单片机和微处理器进行数字程序控制，使红外线收发单元工作在高速扫描状态下，形成红外线光幕警戒屏障，当人和物体进入光幕屏障区内，控制系统迅速转换输出电平信号，控制机器人的制动控制回路或报警装置，实现机器人急停或安全报警，直到人和物体离开警戒区域，从而达到安全保护的目的。安全光栅如图 3-85 所示。

4. 双手控制安全装置

有时机器人工作站的作业任务比较危险，需要操作人员在启动设备时仔细检查并确定，我们可以采用双手控制安全装置。双手操作式安全装置的工作原理是将滑块的下行程运动与对双手的限制联系起来，强制操作者必须双手同时推按操纵器，滑块才向下运动。

在此期间如果操作者哪怕仅有一只手离开，或双手都离开操纵器，在手伸入危险区之前，滑块停止下行程或超过下死点，使双手没有机会进入危险区，从而避免受到伤害。这样可以防止误触启动按钮导致事故发生。双手控制安全装置如图3-86所示。

图3-85 安全光栅

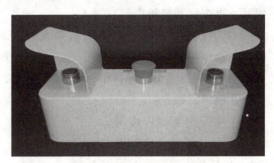

图3-86 双手控制安全装置

二、机器人停机反应与所设定的运行方式的关系

机器人的安全防护设施往往要与机器人停机反应相关联，才能真正起到安全保护的作用。机器人停机反应与所设定的运行方式的关系见表3-3。

表3-3 机器人停机反应与所设定的运行方式的关系

触发因素	T1,T2	AUT,AUT EXT
启动按钮被松开	STOP 2	—
按下停机按钮	STOP 2	
驱动装置关机	STOP 1	
输入端无"运动许可"	STOP 2	
关闭机器人控制系统（断电）	STOP 0	
机器人控制系统内与安全无关的部件出现内部故障	STOP 0 或 STOP1（取决于故障原因）	
运行期间工作模式被切换	安全停止2	
打开防护门（操作人员防护装置）	—	安全停止1
松开确认按钮	安全停止2	—
持续按住确认按钮或出现故障	安全停止1	—
按下急停按钮	安全停止1	
安全控制系统或安全控制系统外围设备中的故障	安全停止0	

【技能操作】

机器人安全运行机制的触发

1）打开机器人总开关后，先检查机器人在不在原点位置，如果不在，请手动移动机器人到原点位置。严禁打开机器人总开关后，机器人不在原点时按启动按钮启动机器人。若是使用双手控制安全装置的机器人工作站，应使用双手同时按下启动按钮。

2）接通机器人总电源后，检查外部控制盒的急停按钮有没有按下，如果已按下应先松开，再按启动按钮启动机器人。

3）在机器人运行中，需要机器人停下来时，可以按外部急停按钮、暂停按钮、示教器上的急停按钮；如需再继续工作，可以消除报警并让机器人继续工作。

4）当机器人出现等待信号不到位，需要人工进入机器人工作区干预时，应严格按照以下步骤进行操作：

① 按下外部急停按钮。
② 确认机器人已经停止工作。
③ 打开防护门，方可进入。
④ 问题处理完毕后，关闭防护门，松开外部急停按钮，按下外部启动按钮，机器人进行正常运行。

3.3　离线编程与仿真

3.3.1　离线仿真软件的模型文件导入方法

【相关知识】

一、机器人离线编程软件简介

机器人离线编程软件可以通过单机或者多台机器人组成工作站或是生产线。这些工业机器人的仿真软件可以在制造单机和生产线产品之前模拟出实物，这不仅可以缩短生产的工期，还可以避免不必要的返工。

常见的工业机器人离线编程软件有 Robotmaster、RobotStudio、PQArt、ROBOGUIDE、KUKA Sim Pro 等，其中库卡机器人离线编程软件 KUKA Sim Pro 是一款功能强大的库卡机器人仿真编程软件，可以在生产线外进行机器人编程。此仿真编程软件包含 KUKA 机器人编程工具、机器人库，以及用于高效离线编程的智能模拟软件。使用 KUKA Sim Pro 可轻松快速优化设备和机器人生产，以确保更大灵活性，提高生产力及竞争力。

二、KUKA Sim Pro 软件界面介绍

KUKA Sim Pro 3.1 版本的软件界面分为文件界面、开始界面、建模界面、程序界面、图纸界面，分别具有不同的功能。

1. 文件界面

文件界面是 KUKA Sim Pro 软件的后台视图，主要功能有保存、打开文件，软件的基本设置等。

2. 开始界面

在 KUKA Sim Pro 软件的开始界面里，可以使用软件内已有的组件或外部导入的组件在

3D世界内进行布局，它也是最常使用的界面，如图3-87所示。

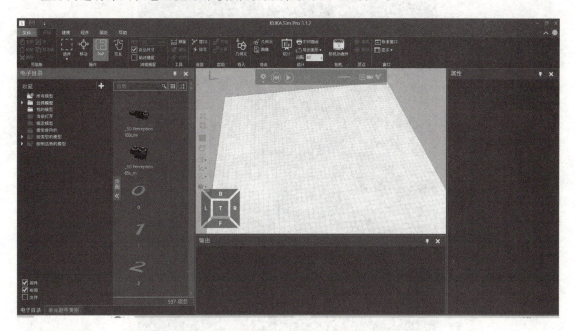

图3-87 KUKA Sim Pro软件的开始界面

3. 建模界面

在KUKA Sim Pro软件的建模界面里，用户可以对已有的或新的组件添加功能、行为、属性等。

4. 程序界面

在KUKA Sim Pro软件的程序界面里，用户可以操作机器人和对机器人进行编程。

5. 图纸界面

在KUKA Sim Pro软件的图纸界面里，用户可以生成3D世界的布局图纸，并可以根据要求标注备注和参数。

三、KUKA Sim Pro软件场景搭建

在KUKA Sim Pro中，用户可以在3D世界内导入软件内部的或外部的3D模型进行布局，并可以更真实地进行仿真模拟。KUKA Sim Pro支持很多主流的CAD格式，如CATIAV、JT、STEP、Parasolid、etc等。

【技能操作】

一、工业机器人本体的导入

在开始界面的"电子目录"下依次单击"公共模型"→"KUKA Sim Library 3.1"→"KUKA_ROBOTS"→"Small Robots（3kg-10kg）"→"Archiv"→"AGILUS-1 Series"→"sixx"，双击"KR 6 R700 sixx"或单击拖到需要放置模型的位置，加载工业机器人到工作空间，如图3-88所示。

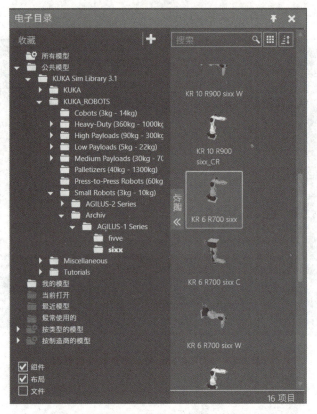

图3-88 加载工业机器人到工作空间

二、外部模型导入

1）单击"几何元",如图3-89所示。

图3-89 单击"几何元"

2）选择模型并打开,如图3-90所示。

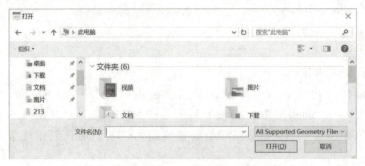

图3-90 选择模型并打开

3）单击"导入",将模型导入。

三、调整模型位置

1）单击"移动",如图3-91所示。

图3-91 单击"移动"

2）此时3D世界内的机器人上出现了一个坐标系,只需单击其中的一个轴,就可以沿这个轴的方向移动机器人或绕该轴方向旋转机器人,如图3-92所示。

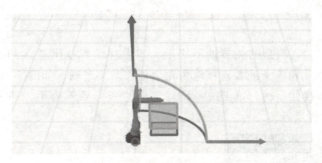

图3-92 移动或旋转机器人

四、添加机器人末端执行器

1）使用上述方法导入末端执行器模型。

2）将末端执行器移动到工业机器人末端法兰处。

3）单击"附加",从"Node"下拉列表中选择机械臂第6轴,将末端执行器真正安装到第6轴法兰盘,完成场景搭建,如图3-93所示。

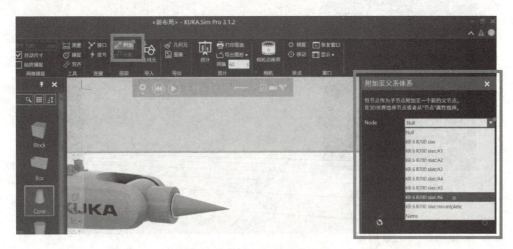

图3-93 选择机械臂第6轴

3.3.2 离线编程软件的使用

【相关知识】

一、工业机器人关节运动

1)在程序界面内,单击"交互",如图3-94所示。

图3-94 单击"交互"

2)单击选择机器人模型的关节轴不松手,即可移动工业机器人的关节轴。也可以在"关节"选项下,移动角度条或者直接输入角度值移动关节轴,如图3-95所示。

3)工业机器人线性运动。单击选择机器人法兰坐标系不松手,即可拖动机器人进行线性移动,如图3-96所示。

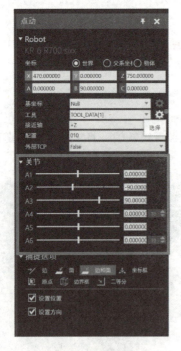

图3-95 移动关节轴

图3-96 工业机器人线性运动

二、工业机器人位置捕捉

单击"捕捉",可以使工业机器人TCP直接达到某一点,从而提高编程速度。

【技能操作】

一、工业机器人编程指令的应用

1）单击"程序"进入程序界面，左方"作业图"栏中有常用的 KUKA 工业机器人编程指令，如图 3-97 所示。

2）移动工业机器人到预定位置，单击相应运动指令，完成运动指令的编写，如图 3-98 所示。

图 3-97 程序界面

图 3-98 运动指令的编写

3）完成 I/O 指令等指令的编写。

二、工业机器人程序的导出

单击菜单栏中的"导出"，而后单击"生成代码"，软件下方命令提示栏中显示已经创建了两个文件，分别为 dat 文件和 scr 文件，存储在 C：\Temp\My_Project 文件夹中，如图 3-99 所示。这两个文件即为导出的工业机器人程序。

图 3-99 导出的工业机器人程序

3.4 系统操作与编程调试技能训练实例

技能训练 1 机器人装配工作站的编程与调试

一、训练要求

要求该设备以一台 6 轴机器人及视觉系统为核心，配套 PLC、伺服、传感器等工控器件，完成某工件的装配任务。

具体要求：

1）根据 PLC 控制单元配置确定机器人的通信参数及通信通道。

2）设置机器人的网络配置及通信通道。

3）编制工业机器人及视觉系统程序并调试设备。

工件装配初始状态如图 3-100 所示。

圆柱模型由三部分组成，必须组装成图 3-101 所示的样式。

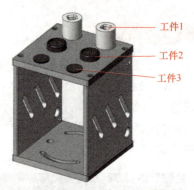

图 3-100 工件装配初始状态

图 3-101 工件组装顺序

二、工具及设备清单

根据实际需求，工具及设备清单见表 3-4。

表 3-4 工具及设备清单

工具设备	序号	名称	型号及规格	数量
		一字螺丝刀		
	1	工业机器人码垛工作站	自定	1
	2	计算机	自定（含配套 PLC 编程软件）	1

三、评分标准

评分标准见表 3-5。

表 3-5 评分标准

序号	主要内容	考核要求	评分标准	配分	扣分	得分
1	确定机器人的通信参数	根据现有 PLC 控制单元配置确定通信参数并设定机器人网络配置	1. 机器人 IP 地址设置正确（3分） 2. 机器人与 PLC 连接正常（2分）	5分		
2	设置机器人的通信通道	根据现有 PLC 控制单元配置设定机器人通信通道	能够实现 PLC 与机器人的信息交互（5分）	5分		
3	视觉系统的编程与调试	通过视觉系统的编程，完成待装配工件的角度判断	1. 能够在视觉软件中显示出待装配工件的角度（10分） 2. 能够将角度值传递给工业机器人或 PLC（5分）	15分		

（续）

序号	主要内容	考核要求	评分标准	配分	扣分	得分
4	机器人装配程序的编制与调试	编制机器人程序,使工业机器人能够完成工件的装配工作	1. 回到原点位置(5轴为-90°,其余1~4、6轴为0°)(2分) 2. 取双吸盘夹具(5分) 3. 末端夹具气缸伸出,吸取工件2(3分) 4. 到拍照位拍照(2分) 5. 将工件2装配到工件1上(5分) 6. 抓取工件3,装配到工件1上(4分) 7. 完成另一个工件的装配(5分) 8. 末端夹具收回(2分) 9. 将双吸盘夹具放置到夹具座中(5分) 10. 回到原点位置(2分)	35分		
5	职业素养和安全规范	1. 现场操作安全保护符合安全规范操作流程 2. 劳保鞋、安全手套等安全防护用品穿戴合理 3. 遵守考核纪律,尊重考核人员 4. 爱惜设备器材,保持工作场地整洁	1. 操作不符合安全规范操作流程,但未损坏设备,扣2分 2. 未正确穿戴安全防护用品,扣2分 3. 工作场地不整洁,扣1分	5分		
			合计	65分		
备注			考评员签字		年 月 日	

四、操作步骤

工业机器人装配工作站如图3-102所示。

图3-102 工业机器人装配工作站

1. 确定通信参数

阅读PLC控制单元配置单，确定机器人的IP地址网段及通信通道。

2. 配置通信通道

正确设定机器人的网络配置及通信通道。

3. 编写机器视觉程序

1）设置相机IP地址，使其与视觉控制器处于同一网段。

2）打开相机，调整镜头焦距及光圈，获取清晰图像。

3）拖拽相机工具，选择相机，确定触发方式。

4）拖拽模板匹配工具并训练模板。

5）设置通信设备。一般机器视觉设置为服务器，IP地址与机器人、PLC为同一网段，端口号一般设置为大于1000的数，以防冲突。

6）拖拽发送数据工具，设置通信设备及通信信息（模板匹配的角度值）。

4. 编写机器人程序

1）设置吸盘夹具的工具坐标系。

2）编写回到工作原点运动程序（使用关节运行指令）。

3）编写取吸盘夹具子程序。此子程序的工作流程为：到达工具上方点→工具快换装置滚珠缩回→到达工具点→滚珠弹出→到达工具上方点→回到工作原点。

4）编写装配子程序。此子程序的工作流程为：到达工件2上方点→吸盘夹具气缸伸出→到达工件2点→真空发生器动作→到达工件2上方点→到达拍照位→触发拍照→到达工件1上方点→旋转视觉系统传递的工件角度→到达工件1点→真空发生器停止动作→到达工件1上方点→到达工件3上方点→到达工件3点→真空发生器动作→到达工件3上方点→到达工件1上方点→到达工件1点→真空发生器停止动作→到达工件1上方点→吸盘夹具气缸缩回→回到工作原点。需要注意的是，由于两次装配的工件位置不同，在编写子程序的时候，工件1、2、3的点位可使用变量代替。

5）编写吸盘夹具放回子程序。此子程序的工作流程为：到达工具上方点→工具快换装置到达工具点→滚珠缩回→到达工具上方点→回到工作原点。

6）编写主程序。主程序的流程为：复位，回到工作原点→等待PLC装配启动信号→调用取吸盘夹具子程序→为装配子程序各位置变量赋值→调用装配子程序→为装配子程序各位置变量赋予一组值→调用装配子程序→调用吸盘夹具放回子程序。

技能训练2　机器人离线仿真软件的使用

一、训练要求

某工业机器人需改变加工对象，重新进行轨迹编程，为确保生产效率，首先采用离线仿真软件进行仿真运行。

具体要求：

1）将工业机器人及相关模块导入离线仿真软件，完成场景搭建。

2）根据搭建好的场景编制轨迹运行程序。

3）导出程序到工业机器人示教器中。

二、设备及软件清单

设备及软件清单见表3-6。

表3-6 设备及软件清单

软件	机器人离线仿真软件（与工业机器人配套）			
设备	序号	名称	型号及规格	数量
	1	工业机器人工作站	自定	1
	2	计算机	自定	1
	3	U盘	2GB，品牌自定	1

三、评分标准

评分标准见表3-7。

表3-7 评分标准

序号	主要内容	考核要求	评分标准	配分	扣分	得分
1	场景搭建	根据要求完成离线仿真软件的场景搭建	1. 工业机器人导入正确(4分) 2. 焊接末端执行器导入正确(4分) 3. 焊接末端执行器正确安装到工业机器人末端法兰盘(4分) 4. 正方体模块导入正确(4分) 5. 场景布局符合工作要求(4分)	20分		
2	轨迹运行程序编制	编制轨迹运行程序，要求焊接末端执行器围绕正方体上端面轮廓模拟焊接轨迹	1. 回到原点位置(3分) 2. 到达轨迹起始点上方(3分) 3. 到达轨迹起始点(3分) 4. 沿正方体上端面轨迹运行一周(10分) 5. 到达轨迹终点上方(3分) 6. 回到原点位置(3分)	25分		
3	程序导出	通过离线仿真软件导出所编制机器人轨迹运行程序	正确导出程序(5分)	5分		
4	机器人程序导入	将从离线仿真软件中导出的程序通过U盘导入机器人示教器，并在示教器中打开	1. 能正确导入程序(5分) 2. 能在机器人示教器中打开导入的程序(5分)	10分		
5	职业素养和安全规范	1. 现场操作安全保护符合安全规范操作流程 2. 遵守考核纪律，尊重考核人员 3. 爱惜设备器材，保持工作场地整洁	1. 操作不符合安全规范操作流程，但未损坏设备，扣2分 2. 未正确穿戴安全防护用品，扣2分 3. 工作场地不整洁，扣1分	5分		
			合计	65分		
备注			考评员签字		年 月 日	

四、操作步骤

1. 场景搭建

1）打开离线仿真软件，新建项目。

2）导入工业机器人本体。将需要的机器人拖拽到需要放置模型的位置，将其加载到工作空间，如图3-103所示。

3）导入焊接末端执行器，并调整位置。单击"附加"，选择机器人第6轴，将末端执行器安装到第6轴法兰盘，如图3-104所示。

4）导入正方体模块并调整大小及位置，完成场景搭建，如图3-105所示。

图3-103　导入工业机器人本体

图3-104　末端执行器的导入及安装

2. 轨迹运行程序编制

1）单击"程序"进入程序界面。

2）使用"交互"或"移动"功能逐步移动机器人到预定位置，各轨迹点如图3-106所示。单击运动指令，编制轨迹运行程序，如图3-107所示。

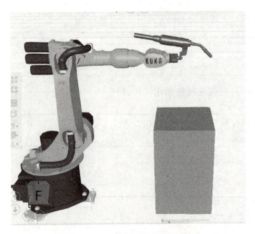

图3-105　场景搭建示意图

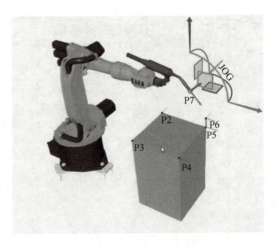

图3-106　各轨迹点示意图

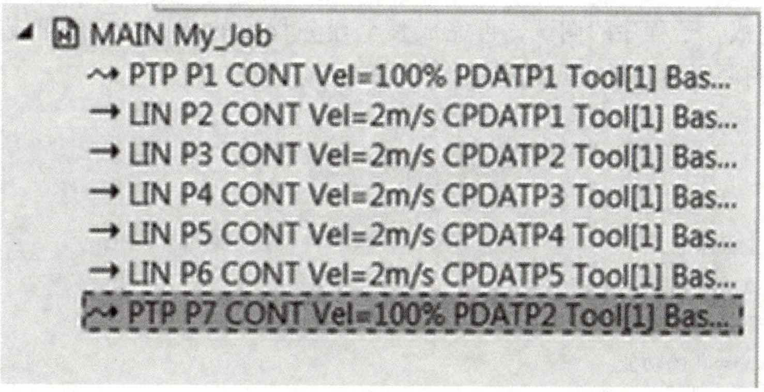

```
▲ ⓗ MAIN My_Job
    ↝ PTP P1 CONT Vel=100% PDATP1 Tool[1] Bas...
    → LIN P2 CONT Vel=2m/s CPDATP1 Tool[1] Bas...
    → LIN P3 CONT Vel=2m/s CPDATP2 Tool[1] Bas...
    → LIN P4 CONT Vel=2m/s CPDATP3 Tool[1] Bas...
    → LIN P5 CONT Vel=2m/s CPDATP4 Tool[1] Bas...
    → LIN P6 CONT Vel=2m/s CPDATP5 Tool[1] Bas...
    ↝ PTP P7 CONT Vel=100% PDATP2 Tool[1] Bas...
```

图 3-107 轨迹运行程序

在移动机器人进行位置示教时，使用"交互"及"移动"功能比较麻烦，而且不容易精确到达预计的轨迹点，这时我们可以先设定机器人的工具坐标系，然后通过"捕捉"功能迅速找到示教点。

3. 机器人程序的导出

单击"导出"→"生成代码"，自动生成轨迹运行程序，然后插入 U 盘，将程序复制到 U 盘中。

4. 程序代码文件的打开

将 U 盘插入机器人示教器，在专家界面下，找到 U 盘中的程序代码文件并打开。

3.5 技能大师高招绝活

在进行简单工业机器人工作站的编程和调试时，往往根据工业机器人的编程思路，采用根据任务流程一步步进行编程的方法。这种方法操作简单，不需要太多思考，能够被大多数工业机器人系统操作人员所掌握。但是在较复杂的工业机器人工作站编程中，过多的示教点和程序语句一方面容易使编程人员陷入混乱，导致程序出错，甚至引发设备和人员损伤；另一方面，编程和示教的时间较长，影响设备投产使用。因此，对于复杂的工业机器人工作站，要根据以下步骤进行编程与调试：

1) 分析工业机器人工艺流程，将相同工艺提取出来。例如：码垛工作中包含了多次工件的抓取和放置动作，我们可以将此工艺提取出来作为两个子程序，在子程序中只需要使用一个点位变量，每次需要抓取或放置工件时，只需要对此点位赋值，然后调用抓取或者放置的子程序即可。

2) 根据提取的工艺编写子程序。在进行轨迹运行的编程时，需要注意：在工业机器人长距离移动且没有碰撞干涉可能时，尽量采用关节运动指令，可避免出现奇异点，并提高工作效率。若可能发生碰撞，则采用轨迹可预知的直线、圆弧运动指令，在奇异点附近增加过渡点，同时将运行轨迹中间点设置为圆滑过渡，不需要精确到达，可以有效提高工业机器人的运行效率。

3）根据工艺流程完成主程序，使用逻辑判断语句完成各条指令和子程序的调用。

4）首先完成各子程序的调试，再完成整个任务程序的调试。一般情况下，调试完成的子程序在后期调用不会再出现问题。

复习思考题

1. 简述工件坐标系的意义。
2. 简述工具负载数据的概念和影响。
3. 输入工具负载数据的操作步骤有哪些？
4. 简述 WorkVisual 的功能。
5. 简述机器人重复定位精度的含义和测试方法。

附录

附录 A 模拟试卷样例

一、单项选择题（将正确答案的序号填入括号内；每题 1 分，满分 80 分）

1. 职业道德是一种（　　）的约束机制。
   A. 强制性   B. 非强制性   C. 随意性   D. 自发性
2. 在市场经济条件下，职业道德具有（　　）的社会功能。
   A. 鼓励人们自由选择职业   B. 遏制牟利最大化
   C. 促进人们的行为规范化   D. 最大限度地克服人们受利益驱动
3. 从业人员在职业交往活动中，符合仪表端庄具体要求的是（　　）。
   A. 着装华贵   B. 适当化妆或戴饰品
   C. 饰品俏丽   D. 发型要突出个性
4. 职业道德通过（　　），起着增强企业凝聚力的作用。
   A. 协调员工之间的关系   B. 增加职工福利
   C. 为员工创造发展空间   D. 调节企业与社会的关系
5. 电气技术人员以（　　）、安装接线图和平面布置图最为重要。
   A. 电气原理图   B. 电气设备图   C. 电气安装图   D. 电气组装图
6. 导线截面的选择通常是由发热条件、机械强度、电流密度、（　　）和安全载流量等因素决定的。
   A. 磁通密度   B. 绝缘强度   C. 电压大小   D. 电压损失
7. 液压系统中，油液流动时会引起能量损失，这主要表现为（　　）损失。
   A. 流量   B. 压力   C. 流速   D. 油量
8. 传感器是将各种（　　）转换成电信号的元件。
   A. 数字量   B. 交流脉冲量 C. 非电量   D. 直流电量
9. 可编程控制器是一种专门在工业环境下应用而设计的（　　）操作的电子装置。
   A. 逻辑运算   B. 数字运算   C. 统计运算   D. 算术运算
10. 三相双三拍运行、转子齿数 $z_R = 40$ 的反应式步进电动机，转子以每拍（　　）的方式运转。
    A. 5°   B. 9°   C. 3°   D. 6°
11. 直流伺服电动机按励磁方式可分为电磁式和（　　）。

A. 感应式　　　B. 反应式　　　C. 永动式　　　D. 永磁式

12. 工业机器人按功能分为搬运、装配和（　　）。

A. 焊接　　　B. 喷漆　　　C. 检查　　　D. 以上都是

13. 表达整台机器或设备的装配图称为（　　）。

A. 总装配图　　　B. 主视图　　　C. 俯视图　　　D. 左视图

14. 一台机器或者一个部件都是由若干个零（部）件按一定的（　　）装配而成的。

A. 时间　　　B. 装配关系　　　C. 名称　　　D. 大小

15. 总装配图标题栏的内容、格式、尺寸已经标准化，主要填写（　　）的名称、代号、比例及有关人员的签名等。

A. 气路　　　B. 零件　　　C. 机器人工作站　　　D. 电路

16. 在机器人周边配套设备中采用的动力源多以气、液压作为动力，因此常需配置气、液压站以及相应的管线、（　　）等装置。

A. 流量　　　B. 仪表　　　C. 阀门　　　D. 空压机

17. 装配的调整工作就是调节零件或机构的（　　）等，目的是使机构或机器工作协调。

A. 相互位置　　　B. 配合间隙　　　C. 结合松紧　　　D. 以上都是

18. 常见的工业机器人工作站有（　　）、涂胶工作站等。

A. 码垛工作站　　　B. 装配工作站　　　C. 焊接工作站　　　D. 以上都是

19. 同一零件用多个螺钉或螺栓紧固时，各螺钉需顺时针、交错、对称逐步拧紧，如有（　　），应从靠近定位销的螺钉或螺栓开始。

A. 定位销　　　B. 错位　　　C. 滑丝　　　D. 螺纹失效

20. 机器视觉系统是一套可以完整（　　）和输出物理图像信号的系统。

A. 采集　　　B. 传输　　　C. 处理　　　D. 以上都是

21. 在工业生产领域，镜头（　　）直接影响机器视觉系统成像效果的好坏。

A. 价格　　　B. 大小　　　C. 是否合适　　　D. 清晰度

22. 通常，成像目标上的一个点通过透镜后，在透镜后方成一个（　　）的像。

A. 倒立放大　　　B. 倒立缩小　　　C. 正立缩小　　　D. 正立放大

23. 机器视觉系统中比较常见的光源是（　　）光源和 LED 光源。

A. 荧光灯　　　B. 白炽灯　　　C. 节能灯　　　D. 金属卤素灯

24. 使用（　　）手动将工业相机的 IP 地址设置为与计算机网络同网段。

A. 相机软件　　　B. 计算机　　　C. 快捷键　　　D. 网络设置

25. 软件调整步骤是打开相机设置软件，选择（　　）、目标图像亮度、曝光时间等参数，直到图像的颜色和形状的清晰度满足要求为止。

A. 灯光　　　B. 手动曝光　　　C. 调试　　　D. 以上都不对

26. 电感式接近开关常常采用安装板安装，使用（　　）固定。

A. 螺母　　　B. 卡扣　　　C. 胶粘剂粘接　　　D. 探针安装

27. 在实际工作当中，完成整个设备机械总装配和调试后，应当正确填写机械部件装调（　　）并留存。

A. 调试记录　　　　B. 记录单　　　　C. 表格　　　　D. 验收单

28. 装配调试记录单中应包含（　　）、装配时间、装配记录及调试记录。

A. 名称　　　　B. 型号　　　　C. 图纸编号　　　　D. 以上都是

29. 工业机器人电动伺服系统的一般结构为三个闭环控制，即（　　）、速度环和位置环。

A. 电压环　　　　B. 电流环　　　　C. 加速度环　　　　D. 电阻环

30. 直流伺服电动机由永磁体定子、线圈转子、（　　）和换向器构成。

A. 电刷　　　　B. 电流　　　　C. 电感　　　　D. 电容

31. 长距离布线时，由于受到布线的寄生电容、充电电流的影响，会使快速响应电流限制功能降低，接于二次侧的仪器误动作而产生故障。因此，最大布线长度要小于规定值。不得已布线长度超过规定值时，要把 Pr.156 设为（　　）。

A. 0　　　　B. 1　　　　C. 2　　　　D. 3

32. S7-1200 用户程序包含布尔逻辑、（　　）、定时、复杂数学运算、运动控制以及与其他智能设备的通信。

A. 计数　　　　B. 加　　　　C. 8 减　　　　D. 乘

33. 下列（　　）不属于 S7-1200 网络和协议进行通信。

A. PROFIBUS　　　　B. GPRS　　　　C. LTE　　　　D. MES

34. PLC 控制系统的前身是（　　）。

A. 继电器-接触器控制系统　　　　B. 集散式控制系统（DCS）

C. 现场总线控制系统　　　　D. 单片机控制系统

35. TIA Portal 内的安装程序 SIMATIC STEP7 PLCSIM，其主要作用是（　　）。

A. 设置和调试变频器

B. 用于硬件组态和编写 PLC 程序

C. 用于组态可视化监控系统，支持触摸屏和 PC 工作站

D. 用于仿真调试

36. 若 PLC 的输入信号是脉冲信号，必须保证脉冲信号的宽度（　　），只有这样才能保证正常读入该输入信号。

A. 大于两个扫描周期　　　　B. 大于一个扫描周期

C. 等于一个扫描周期　　　　D. 小于一个扫描周期

37. 关于传感器的特点描述不正确的是（　　）。

A. 频率响应特性较好　　　　B. 性能稳定可靠，使用寿命长

C. 不易于实现小型化、整体化　　　　D. 测量范围广、精度高

38. 以下哪个不是电容式传感器可以测量的（　　）。

A. 温度　　　　B. 厚度　　　　C. 湿度　　　　D. 位移

39. ABB 机器人提供的安全回路有如下 4 种：ES（紧急停止）、（　　）、GS（常规停止）、SS（上级停止）。

A. AS（自动停止）　　　　B. BS（自动停止）

C. CS（自动停止）　　　　D. DS（自动停止）

40. 事故出现原因主要是（　　）。
   A. 干涉　　　　　B. 速度　　　　　C. 操作　　　　　D. 程序
41. 机器人电气系统常见的故障是短路、开路及（　　）。
   A. 电压故障　　　B. 电流故障　　　C. 接地故障　　　D. 接零故障
42. 机器人变频器经常报故障，原因不可能是（　　）。
   A. 参数设置不正确　　　　　　　　B. 变频器老化
   C. 电动机过载　　　　　　　　　　D. 开关选型不对
43. 步进电动机脉冲频率不能太高，一般不超过（　　），否则电动机输出的转矩迅速减小，会出现运动丢步现象。
   A. 1kHz　　　　　B. 2kHz　　　　　C. 1MHz　　　　　D. 2MHz
44. Modbus 是全球工业领域最流行的协议，此协议支持传统的 RS-232、RS-422、（　　）和以太网设备。
   A. PROFIBUS　　　B. GPRS　　　　　C. RS-485　　　　D. MES
45. （　　）坐标系是机器人和基坐标系的基础，大多数情况下原点位于机器人足部。
   A. WORLD　　　　B. BASE　　　　　C. TOOL　　　　　D. FLANGE
46. 工具负载数据是指所有（　　）的工具的负载的数据。
   A. 工具　　　　　　　　　　　　　B. 装在机器人法兰上
   C. 工具和机器人　　　　　　　　　D. 机器人
47. 如果机器人以正确输入的（　　）数据执行其运动，则可以从它的高精度中受益，使运动过程具有最佳的节拍时间，最终使机器人达到长的使用寿命。
   A. 程序　　　　　B. 工具　　　　　C. 工具负载　　　D. 工件
48. 机器人控制系统在运行时监控是否存在过载或（　　），这种监控称为在线负载数据检查（OLDC）。
   A. 短路　　　　　B. 欠载　　　　　C. 欠电流　　　　D. 过电压
49. （　　）是指除机器人本体上的轴外，为了工作需要再加上的轴。
   A. 附加负载　　　B. 附加工具　　　C. 附加轴　　　　D. 外部轴
50. 将关节机器人安装于（　　）上，并通过外部轴功能控制地轨来实现关节机器人的长距离移动，可以实现大范围、多工位工作。
   A. AGV　　　　　B. 行车　　　　　C. 地轨　　　　　D. 翻转台
51. KUKA 机器人在和 PLC 或者上位机通信时，需要处于同一（　　），有时会需要修改机器人的 IP 地址。
   A. 地点　　　　　B. 时间　　　　　C. 计算机　　　　D. 网段
52. 位姿重复性表示对于同一指令，位姿从同一方向重复响应 n 次后实到（　　）的一致程度。
   A. 位置　　　　　B. 姿态　　　　　C. 位姿　　　　　D. 时间
53. 机器人精度测试时使用（　　）比千分表的测试更加精确。
   A. 激光跟踪仪　　B. 百分表　　　　C. 杠杆千分表　　D. 游标卡尺
54. 重复定位精度测试采用（　　）替代传感器，用来记录机器人多次重复定位的位置偏移量。

A. 卡尺　　　　B. 百分表　　　　C. 杠杆千分表　　　D. 游标卡尺

55. 传统的人工码垛只能应用在物料（　　）、尺寸和形状变化大、吞吐量（　　）的场合。

A. 轻便、小　　B. 轻便、大　　C. 沉重、小　　　D. 沉重、大

56. 安全运行停止是一种停机监控。它不停止机器人运动，而是监控机器人的轴是否静止。如果机器人的轴在安全运行停止时运动，则安全运行停止触发安全停止（　　）。

A. STOP0　　　B. STOP1　　　C. STOP2　　　　D. STOP3

57. 当机器人需要在斜面进行作业时，我们可以针对此斜面建立一个（　　）。

A. 关节坐标系　B. 用户坐标系　C. 工具坐标系　　D. 世界坐标系

58. 机器视觉的四大应用包括识别、引导、检测和（　　）。

A. 定位　　　　B. 涂胶　　　　C. 分拣　　　　　D. 测量

59. 机器人装配工作站中机器视觉系统对按键原料放置架上的按键的数字等标识、位置、尺寸等因素进行拍摄，将有效信息传输出来，最终执行动作的是（　　）。

A. 机器人　　　B. 控制器　　　C. 传感器　　　　D. PLC、HMI

60. 以太网技术的特点有（　　）。

A. 技术简单　　B. 开放性好　　C. 价格低廉　　　D. 以上都是

61. VisionMaster 算法平台中用来提取相应颜色的算子工具是（　　）。

A. 图像源　　　B. 颜色抽取　　C. BLOB 分析　　D. 格式化

62. 目前工业机器人运用领域占比最高的行业是（　　）。

A. 汽车制造　　B. 手机制造　　C. 航天制造　　　D. 计算机制造

63. 在机器人运行过程中不允许随意打开安全门，如需要到机器人工作区域工作，请按下（　　）确保机器人停止运行。

A. KCP 伺服断电按钮　　　　　　B. 启动按钮
C. 停止按钮　　　　　　　　　　D. 确认开关

64. 编程人员在编程时使用的，由编程人员在工件上指定某一固定点为坐标原点所建立的坐标系称为（　　）。

A. 工件坐标系　B. 机床坐标系　C. 极坐标系　　　D. 绝对坐标系

65. 机器人除了使用硬限位来限制行程外，在软件上也使用了（　　）来限制机器人各个轴的行程。

A. 软限位　　　B. 运动参数　　C. 伺服参数　　　D. 系统参数

66. 机器人执行 CIRC 指令时以（　　）方式移动到指令的位姿。

A. 点到直线　　B. 点到点　　　C. 直线运动　　　D. 圆弧运动

67. 当工业机器人轨迹不在预期之内或将要发生碰撞事故时，应立即（　　），工业机器人停止运行。

A. 拍下急停按钮　B. 拉闸断电　　C. 人工保护机器人　D. 关掉 PLC

68. 将项目导入机器人，能在机器人上进行参数设置。在操作机器人时需注意，将坐标系调至"（　　）"下。

A. 轴坐标系　　　B. 全局坐标系　　　C. 工具坐标系　　　D. 基坐标系

69. 工业机器人系统有时会出现错误，导致生产中断，为快速恢复生产，我们可以将机器人的文件提前进行（　　），出现问题后及时恢复。

A. 上传　　　　　B. 存储　　　　　　C. 下载　　　　　　D. 备份

70. （　　）表示对于同一窗口中显示的工具，OLDC 未激活。

A. YES　　　　　B. NO　　　　　　 C. TRUE　　　　　　D. FALSE

71. 工业机器人常用的编程方式是（　　）。

A. 示教编程和离线编程　　　　　　B. 示教编程和在线编程
C. 在线编程和离线编程　　　　　　D. 示教编程和软件编程

72. 机器人的精度主要依存于机械误差、控制算法误差与分辨率系统误差。一般说来（　　）。

A. 绝对定位精度高于重复定位精度　　B. 重复定位精度高于绝对定位精度
C. 机械精度高于控制精度　　　　　　D. 控制精度高于分辨率精度

73. 输入负载数据 JX、JY、JZ，JX 是坐标系绕（　　）轴的惯性矩。

A. A　　　　　　B. B　　　　　　　C. C　　　　　　　　D. X

74. 采用 XYZ 参照法时，将对一件新工具与一件（　　）的工具进行比较测量。

A. 爪形　　　　　B. 尖点　　　　　　C. 未测量　　　　　　D. 已测量过

75. 姿态测量的（　　）是通过趋近 X 轴上一个点和 XY 平面上一个点的方法，机器人控制系统即可得知工具坐标系的各轴。

A. XYZ 4 点法　　B. ABC 世界坐标法　C. XYZ 参照法　　　　D. ABC 2 点法

76. ABC 2 点法姿态测量时（　　），使参照点在 X 轴上与一个 X 值为负的点重合。

A. 切换坐标系　　B. 轴动作　　　　　C. 移动工具　　　　　D. 移动测量工具

77. 对机器人进行示教时，模式旋钮打到 T1 模式后，在此模式中，外部设备发出的启动信号（　　）。

A. 无效　　　　　B. 有效　　　　　　C. 延时后有效　　　　D. 不确定

78. 将机器人设定在（　　）模式下，即可查看外部 USB 上的程序文件。

A. 普通　　　　　B. 编辑　　　　　　C. 读取　　　　　　　D. 专家

79. 机器人在运行过程中禁止（　　）进入机器人的工作区域。

A. 管理人员　　　B. 操作者　　　　　C. 任何人员　　　　　D. 学生

80. ABC 2 点法姿态测量时按"保存"，数据被保存，窗口关闭。或按下"（　　）"，数据被保存，一个窗口将自动打开，可以在此窗口中输入工具负载数据。

A. 设置　　　　　B. 数据　　　　　　C. 负载数据　　　　　D. 新建

二、判断题（对画"√"，错画"×"；每题 1 分，共 20 分）

81. （　　）在市场经济条件下，克服利益导向是职业道德社会功能的表现。

82. （　　）生态破坏是指由于环境污染和破坏，对多数人的健康、生命、财产造成的公共性危害。

83. （　　）对于每个职工来说，质量管理的主要内容有岗位的质量要求、质量目标、质量保证措施和质量责任等。

84.（　　）装配时，零件、工具应当整齐地摆放在设备上。

85.（　　）作业资料包括部件装配图、零件图、物料 BOM 等，项目结束后就不需要再保证图纸的完整性、整洁性、过程信息记录的完整性。

86.（　　）常规的有无判断、颜色分析等对系统精度要求不高的应用中，可以选用普通镜头。

87.（　　）在拆装镜头时，需要将镜头拧下来，即使手碰到镜头也不会影响图像质量。

88.（　　）变频器电源应接到变频器输入端 U、V、W 接线端子上，一定不能接到变频器输出端 R、S、T 上，否则将损坏变频器。

89.（　　）设备组态的任务就是在设备视图和网络视图中，生成一个与实际的硬件系统对应的虚拟系统。

90.（　　）机器人自动运行前，不需要确保机器人能够准确回零。

91.（　　）接近传感器的主要作用是在接触对象之后获得必要的信息，用来探测在一定距离范围内是否有物体接近、物体的接近距离和对象的表面形状及倾斜等状态。

92.（　　）工具负载数据是指所有装在机器人法兰上的工具的负载的数据。

93.（　　）如果机器人以错误输入的工具负载数据执行其运动，则可以从它的高精度中受益，使运动过程具有最佳的节拍时间，最终使机器人达到长的使用寿命。

94.（　　）不管是手动输入工具数据，还是单独输入负载数据时，都可以激活和配置在线负载数据检查。

95.（　　）附加负载是在基座、小臂或大臂上附加安装的部件，比如功能系统、阀门、上料系统、材料储备等。

96.（　　）通过将地轨作为第 7 轴，机器人可以实现长距离移动。

97.（　　）一个轴要走 100mm，结果第一次实际上走了 100.01mm，重复一次同样的动作走了 99.99mm，这之间的误差 0.02 就是重复定位精度。

98.（　　）机器视觉系统的特点是提高生产的柔性和自动化程度。它在工业上通常用于自动检查，过程控制和工业机器人引导等应用提供基于图像的自动检查和分析。

99.（　　）常见的工业机器人离线编程软件有 Robotmaster、RobotStudio、PQArt、ROBOGUIDE、KUKA Sim Pro 等。

100.（　　）可以根据需要选择触发源，其中软触发为 VisionMaster 控制触发相机，也可接硬触发，需要配合外部的硬件进行触发设置。

附录 B　模拟试卷样例参考答案

一、单项选择题

1. B	2. C	3. B	4. A	5. B	6. D	7. B	8. C
9. B	10. C	11. D	12. D	13. A	14. B	15. C	16. C
17. D	18. D	19. A	20. D	21. C	22. B	23. A	24. A
25. D	26. A	27. D	28. D	29. B	30. A	31. B	32. A

33. D	34. A	35. D	36. B	37. C	38. C	39. A	40. A
41. D	42. D	43. B	44. C	45. A	46. B	47. C	48. B
49. D	50. C	51. D	52. C	53. A	54. C	55. A	56. A
57. C	58. D	59. A	60. D	61. B	62. A	63. A	64. A
65. A	66. D	67. A	68. A	69. A	70. D	71. A	72. B
73. D	74. D	75. D	76. C	77. A	78. D	79. C	80. C

二、判断题

81. ×　82. ×　83. √　84. ×　85. ×　86. √　87. ×　88. ×
89. √　90. ×　91. ×　92. √　93. ×　94. √　95. √　96. √
97. ×　98. √　99. √　100. √

参 考 文 献

［1］ 王建. 维修电工：高级［M］. 北京：中国电力出版社，2013.

［2］ 雷云涛，王建. 全国电工技能大赛试题集锦［M］. 北京：中国电力出版社，2014.

［3］ 王建，张春芝，任觉民. 电工：高级［M］. 北京：机械工业出版社，2022.

［4］ 陈琪，沈涛，覃智广. 工业机器人机械装调与维护［M］. 北京：中国轻工业出版社，2021.

［5］ 韩鸿鸾，刘衍文，刘曙光. KUKA（库卡）工业机器人装调与维修［M］. 北京：化学工业出版社，2020.

［6］ 北京新奥时代科技有限责任公司. 工业机器人操作与运维实训：中级［M］. 北京：电子工业出版社，2019.

［7］ 韩鸿鸾，王海军，王鸿亮. KUKA（库卡）工业机器人编程与操作［M］. 北京：化学工业出版社，2020.

［8］ 姚屏. 工业机器人技术基础［M］. 北京：机械工业出版社，2020.

［9］ 丁少华，李雄军，周天强. 机器视觉技术与应用实战［M］. 北京：人民邮电出版社，2022.